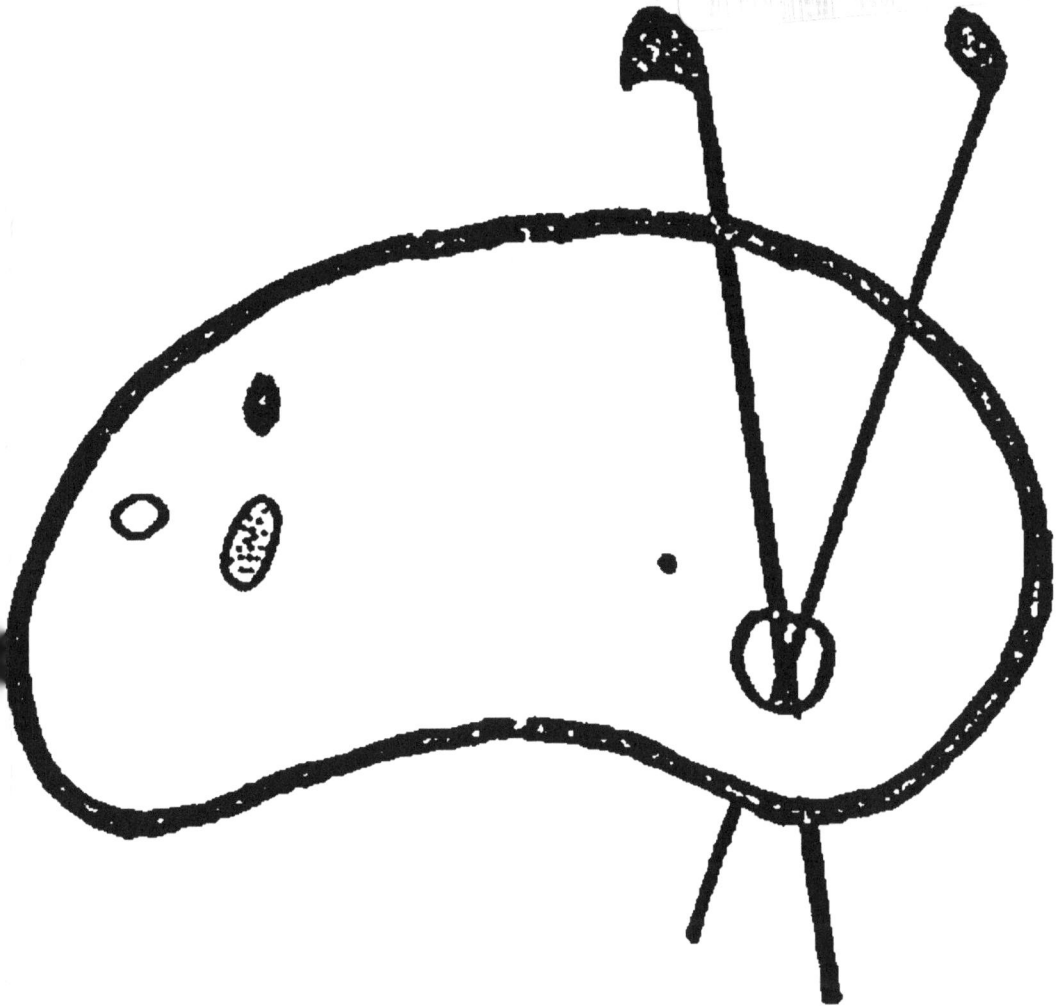

COUVERTURE SUPERIEURE ET INFERIEURE
EN COULEUR

cu r mmmm sc n folu es :

LE
PARFUMEUR
FRANÇOIS,

QUI ENSEIGNE TOUTES
les manieres de tirer les Odeurs
des Fleurs, & à faire toutes sortes
de compositions de Parfums.

*Avec le secret de purger le Tabac en
poudre ; & le parfumer de toutes sortes
d'Odeurs.*

Pour le divertissement de la Noblesse,
l'utilité des personnes Religieuses &
necessaire aux Baigneurs & Perruquiers.

Par le Sr BARBE *Parfumeur.*

A LYON,
& se vend, A PARIS,
Chez MICHEL BRUNET,
la Salle neuve du Palais au d'Auphin.
ET
Chez l'Autheur ruë des Gravilliers , à la
Toison d'Or.

M. DC. XCIII,
AVEC PERMISSION.

A

MONSEIGNEUR

MONSEIGNEUR

LE PRINCE

D'HARCOURT.

Monseigneur,

Il n'eſt rien de ſi naturel que de ſe chercher un Patron, c'eſt ce qui me fait prendre la liberté d'offrir à VOSTRE ALTESSE

ã iij

EPITRE.

ce petit Ouvrage & le mettre sous
son illustre protection: I'espere qu'on
improuvera d'autant moins mon
dessein que les Princes êtant l'Ima-
ge la plus visible de la divinité,
ie n'en pourrois trouver un à qui ie
plûs presenter ce Traité des Parfums,
qu'à celuy dont l'éclatant merite,
si generalement connu, en a pour
ainsi parler parfumé toutes les
Cours de l'Europe.

Pour ne rien dire qui ne convienne à VOSTRE ALTESSE
ie passeray tant d'illustres Ayeux
dont vous décendés pour renfermer
dans vôtre seule personne cette gloire que s'est toûiours acquise la Mai-
son de Lorraine, à laquelle nos Rois
& toutes les Maisons Souveraines
de l'Europe se sont souvent alliés:
Ie n'emprunteray rien d'un grand
nombre de Princes d'une singuliere
vertu & d'une generosité extraor-

EPITRE.

dinaire qui ont rendu tant de ser-
vices importans à la France : &
sans aller chercher dans les Vau-
demonts, Mercœurs, Guises, Ioyeu-
ses, Chevreuses, Mayennes, Au-
males, Armagnacs, & l'Ille-
Bonne, ie trouveray en vôtre ser'le
Personne ce que tant de grands
hommes, qui en sont sortis & à qui
vous appartenés par le droit de nature, ont mérité par leur valeur
& par leur sagesse.

C'est cette derniere vertu, qui
obligea nôtre Incomparable Monar-
que à vous choisir, MONSEI-
GNEUR, pour conduire en Espagne Marie Loüise d'Orleans au.
Roy son Epoux : Toute l'estime de
LOUIS LE GRAND parut
dans la confiance qu'il vous fit de
la personne de cette grande Prin-
cesse ; & la sagesse que fit paroî-

EPITRE.

tre le Roy dans la préference de VOSTRE ALTESSE, fut la recompense de la vôtre.

Si vôtre sage conduite dans cette rencontre vous a attiré l'admiration d'un chacun, vôtre valeur MON-SEIGNEUR, n'a pas été d'une moindre odeur dans le monde. On a admiré la generosité de VOSTRE ALTESSE dans les attaques de Negrepont, lors qu'on a craint pour sa perte après la dangereuse blessure que vous y receûtes, cette intrepidité dans les périls me fait ressouvenir d'un grand Prince de vôtre Nom & de vôtre Sang, c'est le fameux Heros HENRY de Lorraine Comte d'Harcourt dont la memoire sera toûiours chere à la France : vous l'avez égalé que dis-ie, dans un âge moins avancé vous l'avez surpassé, & il ne fait

EPITRE.

pas être instruit de l'Histoire de
nôtre temps pour être à sçavoir de
qu'elle utilité vous fustes aux Ve-
nitiens lors que vous commandiez
leurs Troupes à Corinthe.

Toutes ces choses, MONSEI-
GNEUR, que la Renommée a
pris soin de répandre dans l'Univers
sont autant de Parfums qu'elle a
épanchez à vôtre honneur, & comme c'est la premiere Parfumeuse,
i'ay crû devoir l'imiter en vous
dédiant le Traité que i'ai fait de
tout ce qui peut contribuër à la satisfaction des personnes de qualité,
soit par les Parfums, Essences,
Pastilles, soit aussi par toutes les
autres bonnes Odeurs dont ie donne
les compositions. l'augure favora-
blement pour mon petit Ouvrage,
& le succez en sera tres-heureux,
si VOSTRE ALTESSE, dai-

EPITRE.

gne le recevoir & agréer que ie
fasse sentir à tous le monde qu'il y
a pour le moins autant d'honneur
que de plaisir à être sous vôtre
appuy. Ie suis avec un tres profond
respect.

MONSEIGNEUR,

De VOSTRE ALTESSE.

Le tres-humble, tres-
obéïssant, & tres-
obligé Serviteur,
S. BARBE.

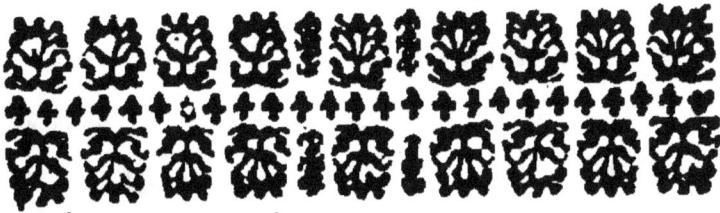

AU LECTEUR.

L'Origine des Parfums n'eſt pas moins ancienne que la creation du monde : Toute la terre formoit alors un jardin délicieux qui exhaloit des odeurs tres - ſuaves. L'art qui ne détruit jamais la nature mais qui la perfectionne , a ramaſſé dans la ſuite des temps ce que cette bonne Mere avoit mis en differens endroits pour faire des compoſitions qui joigniſent par un agreable mélange ce qu'elle avoit parſemé diverſement. Les regles qu'on a

dreffées aprés differentes ob-
fervations n'ont fervy qu'a
donner à l'Art. fon dernier
luftre, & l'experience qui en
a été le fondement la rendu
prefque infaillible & en a affu-
ré des moyens d'autant plus
faciles, qu'ils font plus prati-
quables.

C'eft à la faveur de fes regles que j'ay apprifes fous les
plus habiles Maîtres & que j'ay
mifes en ufage pendant un tres-
longs-temps, que j'ay recueilly
les fecrets dont je faits aujour-
d'huy un prefent au public.
J'avoüe que le deffein de luy
être utile à prévalu à plufieurs
confiderations qui auroient pû
me les faire celer ainfi que
font Meffieurs les Parfu-
meurs, & je les abandonne
d'autant plus volontiers qu'ou-

tre que je contribueray à la gloire de Dieu par les Parfums que les personnes religieuses composeront pour leurs Eglises & aux occupations qu'elles se donneront par des Chapelets & Medailles de senteurs, j'auray aussi la satisfaction de contribuër au plaisir de plusieurs personnes de qualitez qui pourront se divertir à composer des Parfums pour leur usage, & pour se delivrer du mauvais air qu'on trouve souvent malgré soy.

Mon intention n'est pas d'écrire pour ceux qui excellent en l'art dont je traite, je suis assez persuadé que chaque Maître a ses regles particulieres & que par diverses methodes ils vont tous à une même fin; j'avoüe encore un coup que ce n'eft pas pour eux que j'ay fait les Traitez contenus dans mon Livre. Aprés un tel aveu je les prie de ne pas murmurer contre ma conduite & de n'eftre point fâchez de l'avantage que je procure au public : Qu'ils fe fouviennent s'il leur plaît que c'eft le propre du bien de fe communiquer avec profufion, & que celuy qui fait luire le Soleil fur les bons ne prive pas de fa lumiere les méchans.

J'ay eû en vûë Meffieurs les Baigneurs & Perruquiers des villes de Province ou il ne fe trouve point de Parfumeurs, qui ne doivent pas, pour cela, s'excufer d'eftre propre dans ce qu'ils entreprennent, & qui en fuivant exactement ce que j'écris dans les premiers Traitez fe pourront fournir de tou-

tes fortes de poudres & effen-
ces pour les Cheveux , d'excellentes Savonettes , de lait
Virginal , & de toutes autres
choses à leur usage.

Les personnes de condition
& celles qui ont un honnête
loisir rempliront leur temps &
se desennuyeront en campa-
gne , lors qu'ils employeront
l'abondance des fleurs à en faire des parfums à juste prix. Le
beau sexe même à qui la pro-
preté est si naturelle , trouvera
icy de quoy contenter son in-
clination ; & il y a même des
secrets qu'en executant & les
distribuant les pourront main-
tenir dans la qualité que l'E-
glise leur donne de sexe de-
vot.

On pourra m'objecter : si j'ay
quelque difficulté , qui pourra

me la refoudre : je vous repondray que l'on a qu'à lire mes Avertiffemens. Je ne les ay pas voulu inferer dans la matiere afin qu'on y peut avoir recours, & que cela n'embarraffât pas ceux qui voudront pratiquer mes compofitions.

Au refte ceux qui font verfez dans la Lecture de l'Ecriture Sainte ne de s'approuveront pas mon procedé. Ils fçavent que dans l'Ancien Teftament, il y avoit un Autel qu'on appelloit l'Autel des Thimiame qui êtoit celuy où l'on ne brûloit que des Parfums & fur lequel on ne Sacrifioit que des Odeurs : il eft même expreffement marqué en plufieurs endroits que le Seigneur s'eft plû dans les Odeurs. Les encenfemens qui êtoient fi regulierement

gulierement obfervez & pref-
crits par la Loy en font des
preuves fuffifantes ; & l'on
ignore pas non plus que Salo-
mon ce Roy fi fage & fi éclai-
ré avoit quantité de Filles qui
luy compofoient des parfums :
La Reine de Saba le venant
voir luy en fit prefent de plufieurs fortes. Les prefens qui
furent faits au Sauveur par les
trois Rois dans l'hommage qui
luy rendirent furent pour la
plûpart des Parfums ; Magde-
laine ne luy exprima pas fon
amour qu'en épanchant une liqueur prétieufe fur fes pieds :
c'eft ainfi que je fermeray la
bouche à des faux zelez qui
voudront blâmer cet ouvrage.

S'il m'eft permis de paffer de
l'Hiftoire Sainte à celle de nos
jours, le plus grand des Mo-

narques qui ait jamais été sur
le Trône s'eft pleu à voir fouvent le Sieur Martial compofer dans fon cabinet les odeurs.
qu'il portoit fur fa Sacrée perfonne ; Monfieur le Prince
de Condé dont la memoire
fera toûjours en veneration,
à la France faifoit parfumer devant luy par le Sieur
Charles le Tabac & plufieurs.
chofes de cette nature dont il
fe fervoit. Le nom de Poudre
à la Maréchalle n'a été donné
que parce que Madame la Maréchalle d'Aumont fe divertif-
foit à la faire. C'eft ainfi qu'à
l'imitation de fes illuftres perfonnes l'on pourra s'occuper
à mettre en pratique ce que
j'ay enfermé dans mes differens Traitez, avec affûrance
certaine que je leur donne de

réüffir s'il les pratiquent fidel-
lement, puifqu'il n'y a pas un
fecret que je n'aye plufieurs
fois experimenté avec beaucoup de réüffite. Heureux fi je
puis meriter l'approbation des
honnêtes gens.

LES MARCHANDISES

ou Drogues dont on se sert le plus dans les Parfums, sont.

L'Ambre gris.
L'Ambre noir.
Le Musc pur.
Les vessies de Musc.
La Civette d'Hollande.
La Civette d'Angleterre.
Le Benjoin commun.
Le Benjoin beau & bon.
Le Benjoin le plus beau.
Le Storax liquide.
Le Storax sec.
Le Baume du Perou.
Le Calamus.
Le Souchet.
La Canelle.
Le Gerofle.
Les Muscades.
L'Iris.
La Coriante.

Le Labdanum.
Le Macanet.
L'Amidon.
Le Bois de sendal Citrain.
Le Bois de Rozes.
Le Bois de Calambeur.
Le Bois de sainte Lucie.
L'Esprit de Vin.
L'Essence de Gerofle.
L'Essence de Canelle du Havre.
L'Essence de Canelle d'Hollande.
L'Huile de Ben.
L'Huile d'Amande douce.
L'Huile d'Olive.
La Gomme Arabic.
La Gomme Adragant.
Le Cachou.
Le Sucre blanc.
La Cire blanche.
Le Corail.
Le Sirop de Griottes.
L'Orcanet.
Le Savon de Genne.

Toutes les Marchandises ou Drogues cy-dessus nommées se trouvent chez les Espiciers, parce que se sont presque toutes Marchandises Etrangeres.

Les paquets de Savonettes communes de Bolognes dont on peut avoir besoin se vendent à Lyon chez le Sieur Orlandy au milieu de la ruë Longue au Soleil Levant ; Et à Paris chez le Sieur Girault au cul de sac derriere S. Germain de l'Auxerrois.

Les Fleurs dont l'on se sert dans les Parfums, sont.

LEs Rozes communes.
Les Rozes musquées.
Les Rozes de provin.
Les Iacintes.
Les Violettes.
Les Ionquilles.
Les Narcisses.
Les Fleurs d'Orange.
Les Fleurs de Iassemin.
Les Tubereuses.
Les Cacies.

REMARQUES SUR LES

Principales Marchandiſes cy-devant nommées, pour connoître ſi elles ſont bonnes ou non.

De l'Ambre.

Omme l'Ambre eſt une Marchandiſe de peu de montre & qui coute beaucoup, il eſt bon pour les perſonnes qui en voudront achepter d'en avoir la connoiſſance ; ce qui eſt bien aiſé en remarquant que lors que l'Ambre eſt évanté, ou qu'il a quelque méchante qualité on le connoît en ce qu'il eſt rempli de petites piqures blanches : c'eſt ce qu'on appelle renardé, il faut auſſi prendre garde qu'il n'ait pas quelque odeur qui ne convienne pas à ſa qualité ; on peut l'éprouver en faiſant chaufer un éguille & le piquer ; il ſera aiſé de ſentir ſi l'odeur de ſa fumée en sera agreable, il n'y a guére d'autres accidens à éviter à l'Ambre noir.

Plusieurs ont traité de l'Ambre je ne pretends pas icy faire une dissertation, mais j'assure aprés plusieurs bons Autheurs que l'Ambre se forme sur la Mer, & que c'est une espece d'écume qui est poussée par les flots sur le rivage & qui s'endurcit dans la suite.

Du Musc & vessies de Musc.

AFin que l'on ait plus de facilité à connoître le Musc je diray dans le dessein de satisfaire à la curiosité de plusieurs, d'où l'on tient qu'il provient. Le Musc est un Animal qui se trouve dans les païs chauds, & que les chasseurs laissent à la course afin de le prendre en vie, & lors qu'ils l'ont attrapé ils le piquent à tous les endroits du corps avec une éguille pointuë & envenimée par le bout, le venin du fer empêche que le sang de l'Animal ne sorte, mais au contraire à chaque piqure il se fait une poche de sang : &

afin

afin que le fang ne retourne pas dans le corps, ils fendent le ventre de l'A-nimal du quel ils tirent les plus menus boyaux avec lefquels ils lient toutes les poches de fang qu'il a autour du corps, ils le mettent enfuite felcher au Soleil, de forte que le fang fe caille & fe felche, & puis ils coupent toutes fes poches de fang : c'eft ce qu'on appelle veffies de Mufc, & le veritable Mufc eft le fang qui eft dedans, qui eft caillé & feiché comme j'ay dit. Les veffies fe font toutes les poches qui renferment le fang & non pas les rognons de l'A-nimal, ny les rognons des Fouïnes comme plufieurs croyent : car les ro-gnons des Fouïnes ne font propres à rien ils ont bien quelque petite odeur mais fort foible & inutile dans les par-fums. A l'égard du Mufc pour être bon il fe doit rompre aifément avec les doigts comme du fang fec qui pour-tant n'a pas de dureté, car lors qu'il fe trouve trop dur & trop fec c'eft une marque qu'il eft trop vieil & par con-fequent qu'il a perdu fa bonne qualité & n'eft plus propre à rien.

Pour le conserver il faut le serrer dans une boîte de plomb, parce que le plomb le tient frais & qu'il y ait boîte sur boîte afin qu'il ne s'évante pas.

De la Civette.

AYant dit ce que j'ay remarqué sur l'Ambre, & le Musc, le Lecteur ne sera pas fâché si je luy fait connoître d'où procede la Civette, en donnant en même temps les remarques que l'on peut observer pour connoître si elle est bonne ; la Civette est un Animal qui ressemble à une Fouïne, elle est un peu plus grosse, elle paroît estre fort triste de son naturel, on la tient enfermée dans une cage de fer, & les personnes qui gouvernent ses animaux sçavent connoître le tems qu'il faut prendre pour les faire suër, en mettant plusieurs rechauds pleins de feu au tour de leurs cages, cela aide au naturel de l'Animal, & comme la süeur en est fort épaisse on ramasse avec un couteau d'Ivoire toute la sueur qui se trouve sous ses essailles ou entre ses cuisses, c'est ce que nous appellons la Civette, & lors qu'elle est nouvelle elle est blanche, elle n'est pas encore en état d'être employée, & lors qu'elle est trop vieille, elle est toute brune, elle n'est pas bonne non plus, mais il faut qu'elle soit d'un jaune doré & d'une tres-forte odeur qui soit pourtant agreable, & sur tout qu'elle ne file pas, car il y auroit danger qu'elle ne fut mêlée de miel. Pour la bien conserver il faut la mettre dans un pot de verre, & mettre le pot de verre dans une boîte de plomb garnie de cotton.

Du Benjoin.

LE Benjoin commun est ordinairement fort brun, pour le meilleur c'est celuy qui est perlé, plein de grosses larmes blanches, clair, luisant, l'odeur bien forte & bien net, il ressemble à des amandes qui seroient confites dans du miel, on tient qu'il vient d'Arabie & qu'il se trouve dans la montagne où croit l'Encens, il se durcit & se forme en pierre comme nous le voyons, c'est ce que les Anciens appelloient la Mirrhe.

Du Storax.

IL n'est pas difficile de connoître si le Storax liquide est bon puis qu'il ne peut être autrement, quant au Storax sec il ne faut choisir le plus sec que lors qu'on en a besoin pour mettre en poudre, hors de cela le plus tendre est le meilleur, car quand il est nouveau il se romp comme du pain d'épice, c'est lors que son odeur est meilleure, il vient aussi d'Arabie, & c'est une gomme qui provient d'un arbre : l'odeur en est fort bonne particulierement dans les compositions propre à brûlers.

Du Baume du Perou.

LE Baume du Perou se connoît à la force de l'odeur. Il faut pour être bon qu'elle soit forte & agreable,

& pour connoître s'il n'eſt pas falſifié, il faut tremper un brin de paille dans le Baume & l'égouter ſur un verre d'eau, ſi la goute de Baume va au fonds de l'eau ſans rien laiſſer deſſus, il eſt bon.

Du Macanet.

IL faut caſſer les grains du Macaner, s'ils ſe trouvent jaunes c'eſt une marque qu'il eſt vieil, car pour être bon & nouveau, le dedans des grains doit être blanc & l'odeur en eſt beaucoup meilleure.

De l'Eſprit de Vin.

POur éprouver ſi l'eſprit de Vin eſt bon, vous en pouvés mettre plein une cueilliere avec une pincée de poudre à tirer, & y mettre le feu, ſi la poudre prend feu & enleve l'eſprit de vin il eſt bon.

Vous pouvés encore en mettre dans une cueillere & y mettre le feu, & le laiſſer brûler à loiſir dans un lieu où il n'y ait point d'air , fi la cueillere refte moüillée aprés le feu éteint , c'eft une marque qu'il n'eft pas bon.

De l'Amidon.

L'Amidon du quel on fe fert pour faire les poudres à poudrer les cheveux, n'eft pas celuy qui fert à faire l'empois : il y a cette difference que celuy pour l'empois eft gras , & celuy pour les poudres eft extrêmement fec & ainfi tout le plus blanc & le plus fec eft le meilleur.

Du Savon de Genne.

Comme dans l'employ du Savon on a befoin du meilleur , il le faut prendre vray Genne , qu'il foit bien ferme & fec , car s'il eft humide & qu'on le garde il diminuera tous les jours du poids,& outre cela il ne pourra manquer de fentir l'huile , parce qu'il fera nouveau fait , ce qui feroit un tres mauvais effet pour les Savonettes.

Je ne dis rien du reſtant des drogues ou marchandiſes cy-devant nommées, chacun étant bien capables de connoître ſi elles ont l'odeur bien naturelles du nom qu'elles portent.

AVERTISSEMENTS
fur les principales compofitions.

Sur les Poudres à poudrer les Cheveux.

Outes les Poudres blanches font faites d'Amidon, qui fort du bled aprés que la farine en eſt tirée, & il n'y a pas plus d'apprêt à l'Amidon pour la Poudre de haut prix, que pour celle de bas prix. Il ne s'agit que de le piler & le paſſer bien fin au Tamis : il eſt feulement neceſſaire de s'y rendre fujet quand on le parfume aux fleurs, parce que de-là dépend la bonté de la Poudre, & particulierement à celle de fleurs d'Orange & à celle de Rozes communes, parce que ſi on eſt plus longs-temps à la remuër qu'il n'eſt marqué dans fon lieu, cette Poudre fera en danger d'eſtre gâtée, d'autant qu'elle s'é-

chaufera d'une maniere qu'à peiné
on y pourra souffrir la main. Les fleurs
seront reduites en fumier, & rendront
l'Amidon tout mouet & en plotte &
sentira le pourry, ce que l'on évitera
si l'on pratique ce que je marque dans
les Articles où j'en traite : cependant
s'il arrivoit qu'elles fussent gâtées,
il y faudroit remedier promptement
de la maniere qui suit. Il faudroit la
remuër par tout défaisant avec les
mains toutes les mottes qui se seroient
faites, & laisser à l'instant toutes les
fleurs & en remettre de fraîches, &
les remuër de trois en trois heures &
elle se racommodera. Il n'y a pas de
danger aux autres fleurs parce qu'elles
ne s'échaufent point, mais il faut toûjours en avoir soin & ny laisser les
fleurs, que le temps qui est marqué
dans leurs Articles. Il faut aussi sçavoir que toutes les fleurs ne sont pas
capables de communiquer leur odeur
à la poudre, & qu'il n'y a que les
fleurs d'Orange, le Jassemin, les
Rozes communes, les Rozes musquées & la Jonquille. Car toutes les
autres fleurs ont l'odeur trop foible,

& quoyque la Tubereuſe ſemble avoir l'odeur aſſez forte , neanmoins ſa qualité ne permet point cela , & en un mot il eſt inutile de s'en ſervir pour les Poudres.

La Poudre de Cipre eſt faite de mouſſe de Chêne , la Poudre de Violette eſt faite de racine d'Iris , & celle de Franchipanne eſt faite moitié poudre de Cipre & moitié Amidon : il faut que ſes ſortes de Poudres ſoient faites l'Eté autrement elles ſont difficiles à faire à cauſe de l'humidité , & il les faut ſerrer dans un lieu ſec. J'avertis que la mouſſe de Chêne de laquelle on fait la Poudre de Cipre , n'eſt pas celle qui croît aux pieds des Arbres , & qui eſt verte , & reſſemble à de la frange , mais c'eſt celle qui croît ſur les branches des vieux Chênes ; elle eſt blanche & faite en feüille.

Sur les Savonettes.

LEs plus excellentes & les meilleures Savonettes étoient autrefois celles de Bolognes , car les Bolonnois avoient trouvé le ſecret de ſi bien préparer & parfumer le Savon, que perſonne n'avoit juſqu'à lors entrepris ſur leur maniere, mais ils ont ſi fort negligé de les bien parfumer, & l'on s'eſt ſi bien étudié que l'on a trouvé le moyen de faire mieux qu'eux : De ſorte que preſentement toutes les Savonettes que l'on vend pour Bolognes n'en ſont point, mais elles ſont tout auſſi bonnes puiſque l'on ſe ſert du Savon qu'ils apprêtent, & que tout dépend de la maniere de les parfumer ainſi que vous le verrez.

A l'égard des autres ſortes de Savonettes, tout l'art conſiſte à bien préparer le Savon comme je l'enſeigne, car le Savon ayant de ſoy-même une aſſez méchante odeur, il eſt beſoin de la luy ôter avant que d'y mettre aucun parfum. C'eſt l'avis le plus important ſur ce ſujet.

Quant aux communes il n'eſt pas neceſſaire qu'il ſoit purgé ſi l'on ne veut, car les eſſences que l'on y met pénetrent tout.

Si on les veut marquer de quelque marque ou cachet, il faut que ce ſoit lors qu'elles sont roulées & un peu rafermies, & si on les veut dorer, il faut attendre qu'elles soient seiches, il n'y a pour cet effet qu'à humecter la marque de la Savonette avec un peu de cotton imbibé d'eau de senteur, ensuite poser la Savonette sur la feüille d'or, que vous aurez auparavant coupée à peu prés de la grandeur de la marque, & appuyer l'or avec un peu de cotton sec, & sera fait.

Sur le lait Virginal.

PLusieurs entreprennent tous les jours de composer du lait Virginal & ont peine d'y bien réüssir : le plus souvent le deffaut vient de ce qu'ils y mettent plus de drogues qu'il n'y faut ; ils croyent que sans litarge il ne blanchira point l'eau, & c'est un abus. Observé exactement ce que j'en dis en son Article, & vous en ferez qui aura toutes les qualitez qu'il doit avoir. Je vous donne seulement avis de le faire l'Eté au Soleil, parce qu'il y a des gens qui en ont voulu faire l'hiver au Bain-marie qui s'en sont mal

trouvez, car la bouteille venant à caſſer comme il eſt arrivé, le feu ſe prend
à l'eſprit de vin & eſt capable de cau-
ſer du déſordre.

Sur les Eſſences & huiles parfumées aux fleurs, & les Eſſences naturelles.

LEs Eſſences de fleurs, dont on ſe
ſert pour les Cheveux, ne ſont
point véritables eſſences, ſe ſont des
huiles auſſi bien que les huiles communes qui ſervent au même effet, &
ſi l'on les nomme eſſences, c'eſt parce
qu'elles ſont faites d'une huile qui
prend parfaitement bien l'odeur des
fleurs, & pour en faire la difference
d'avec l'huile commune. Les huiles
communes ſont l'huile d'Amande douce & l'huile d'Olive que l'on parfume
aux fleurs, & deſquelles on ſe ſert
journellement pour les Perruques.
Mais l'huile que l'on nomme Eſſence
eſt tirée du Ben qui eſt une noizette
à trois quarres, & dont l'Amande
rend une huile ſi belle & ſi douce,
qu'elle ne ſent quoyque ce ſoit : De

sorte que ne sentant rien d'elle-même elle prend parfaitement bien l'odeur de la fleur que l'on luy donne , même des fleurs de la plus delicate & plus foible odeur , & si naturellement qu'il n'y a pas de difference entre l'odeur de la fleur & celle de l'huile lors qu'on prend soin de la bien travailler. Vous verrez dans son lieu de qu'elle maniere on parfume les unes & les autres.

A l'égard des Essences naturelles , elles sont véritables Essences , puisqu'elles sortent de la fleur ou du fruit du nom qu'elles portent : les Essences naturelles sont , l'Essence de Neroly autrement dit , quintessence de fleurs d'Orange , l'Essence de Cedra qu'on nomme de Berga-motte, l'Essence de Citron, & l'Essence d'Orange forte ou de petit grain. Celle de Neroly se tire sur l'Eau de fleurs d'Orange , & est produite par le fruit qui est dans la fleur ; celle de Cedra est produite par les zests que l'on tire de l'écorce du Citron de Berga-motte, celle de Citron est tirée du Citron distilé, & celle d'Orange des Oranges disti-

lées. Voilà la difference qu'il y à
entre les Essences & les huiles. Les
fleurs qui nous peuvent servir dans ce
climat à faire des Essences & des huiles pour les Cheveux ou Perruques,
font le Jassemin, la fleur d'Orange,
la Tubereuse, la Jonquille, & les
Rozes musquées, d'autant qu'elles
font les plus communes & les plus
fortes d'Odeurs, car toutes les autres
ont l'odeur trop foible. Chacun sçait
que c'est la force du Soleil qui donne
la force aux fleurs, c'est pourquoy
nous ne pouvons pas employer jufqu'aux moindres fleurs comme dans
les païs chauds.

Sur les Pommades parfumées aux fleurs.

LEs Pommades en odeur de fleurs
ne font pas propres au visage,
elles ne le font qu'aux cheveux, elles
ne font plus en regne si fort qu'elles
ont été, car on a trouvé plus de commodité aux huiles, mais si les huiles
font commodes pour les Perruques,
les Pommades font necessaires pour

décrasser les Têtes des Femmes, & en même-temps pour nourrir leur cheveux, ainsi elles sont toûjours de service. Il est necessaire pour leur bien faire prendre l'odeur des fleurs de bien purger dans l'eau la panne de quoy elle est faite, c'est le principal.

Sur les parfums pour la Bouche.

L'Ambre est singulier pour l'estomach, le Musc en quantité n'est pas bon pour la Bouche, ainsi le moins que l'on en met dans les compositions est toûjours le mieux & jamais de Civette, elle ne vaut rien à la bouche.

Sur les Eaux de senteurs.

LEs Eaux d'Ange se font de plusieurs façons & sont presque toûjours là-même chose; & du moment que l'on a en memoire toutes les drogues qui y peuvent entrer, & que l'on sçait à peu prés la doze du fort & du foible, ainsi que les Articles l'enseignent, on la fait facilement tant bonne ne que l'on veut, en augmentant ou diminuant la dépense. Ce qu'il y a de particulier c'est que la faisant dans le coquemart, elle se fait trouble & épaisse & la faisant distiler au Bain-marie, elle se fait claire comme eau de roche, cependant elle a la même odeur que l'autre.

L'Eau de la Reine d'Hongrie ne se peut faire si bonne qu'à Montpellier, parce qu'ils la font avec les fleurs de Romarin qu'ils ont en abondance ; mais cependant celle que nous faisons avec les feüilles est fort bonne & a la même vertu.

A l'égard des Eaux de fleurs, il n'y a que la fleur d'Orange & celle de Roze de laquelle on puisse faire de l'eau, & s'il s'en trouve d'autre sorte elle est artificielle. Plusieurs ont voulu faire de l'eau de Jassemin & n'y ont pas réüssi : la raison en est aisée à trouver, c'est qu'il faut que ce soit une fleur qui ait du corps pour pouvoir produire de l'eau, autrement il faut que ce soit des fleurs qui sortent d'un Arbre Aromatique, comme le Romarin, ou le Mirthe, desquels on peut

6.

ſe ſervir des feüilles qui ont beaucoup
de force pour ajder à la fleur. Exemple, frottez dans vôtre main une fleur
d'Orange ou une Roze, & la ſentez,
vous trouverez qu'elle ſentira plus
fort qu'auparavant ; il en eſt tout au
contraire d'une fleur de Jaſſemin, ou
d'une Tubereuſe, car bien loin de
communiquer ſon odeur, elle ſe re-
duira en fumier, & ſentira mauvais :
c'eſt ainſi que chaque choſe porte ſa
qualité. Il eſt aiſé de-là à juger que
quoyque l'on vende de l'eau d'œillet,
on ne peut pourtant en tirer de l'eau,
puiſque cette fleur n'a pas la force
d'en produire ; mais parce qu'il tire
ſur l'odeur du Gerofle que l'on a adou-
ci en en tirant de l'eau, c'eſt par ce
moyen que l'on a de l'eau qui a l'odeur
de l'œillet.

Sur les Paſtilles à brûler.

POur les compoſitions de Paſtilles,
il ne faut entreprendre d'y mêler
que des choſes qui ſont propres à brûler, & qui pouſſe de l'odeur dans la
fumée, car autrement ce ſeroit autant

de perdu. Pour exemple si vous y mettez de la Civette, elle rendra plûtôt une méchante odeur qu'une bonne, pour preuve mettez un grain de Civette dans le feu, il sentira plus mauvais que bon, & le Musc de même ; & au contraire mettez-y de l'Ambre & vous en tirerez une odeur agreable, & ainsi des autres drogues.

Sur les grosses poudres dont on remplit les Sachets & Toilettes.

IL faut remarquer que toutes ses sortes de compositions, quoyque differentes, ont toutes du rapport les unes avec les autres, parce qu'elles sont presques toutes d'odeurs fortes, & la plus grande subtilité en les composant, est de mélanger toutes les drogues avec tant de précaution, que l'on puisse rendre difficile à connoître laquelle de toutes les odeurs mélangées est celle qui domine, ce qui se peut comprendre facilement par la lecture & pratique des Articles qui les contiennent, appropriant un peu plus d'odeurs douces avec un peu moins

des fortes à quoy on peut remedier
quand même on y auroit manqué,
puisque le mélange étant fait on y peut
ajoûter ce que l'on trouve à propos.

Sur les herbes Aromatiques.

LEs herbes Aromatiques ne sont
pas bien necessaires dans les parfums, mais comme il se trouve quelques personnes qui s'en servent, j'ay
ajoûté la maniere de les pouvoir employer, quoyque toute la peine que
l'on y peut prendre ne les rend jamais
guere agreables, car ces sortes d'herbes gardent si bien leur odeur, qu'il
est fort difficile de les adoucir. On les
employe seulement avec quelque autres drogues qui ne se peuvent cor-
rompre par leur force, ou bien faisant
un Pot pourry comme il est dit en son
Article.

Sur les Composition à porter sur soy.

TOutes les compositions à porter
sur soy doivent êtres toutes d'o-
deurs douces & agreables; & que le

Muſc ny la Civette ny ſoient jamais
par quantité, & que l'un ou l'autre ne
ſoit pas pur, car le Muſc pur entête,
& la Civette n'eſt pas agreable étant
ſeuls, ainſi il faut les moderer par les
mélanges d'odeurs plus douces, comme
vous le connoîtrez dans les Articles
où j'en parle.

Sur les Compoſitions à charger Gands ou Peaux.

COmme ces compoſitions renferment ce qu'il y a de plus precieux
dans les Parfums, puiſqu'elles ſont
compoſées d'Ambre, de Muſc, & de
Civette, d'Eaux de ſenteurs & d'Eſſences douces, il ſe faut bien garder
de jamais y mélanger aucune odeur ny
eſſences fortes, car quoyque ces parfums ayent beaucoup de force, il eſt
conſtant que s'ils ſont traverſez par
des parfums contraires, ils ſe gâtent
auſſi-tôt, & perdent leurs qualitez, &
au contraire comme toutes les odeurs
douces ſe conſervent les unes avec les
autres, ſes ſortes de parfums durent
à l'infini lors qu'ils ſont bien compo-

sez & appliquez bien à propos. Mais pour durer longs-temps, il faut par-dessus toutes choses que les Peaux ou Gands sur lesquels on les emploie, ayent été parfaitement bien purgés c'est le principal & le plus necessaire.

Sur le Tabac.

CE n'est pas un des moindres Articles des Parfums que de bien donner l'odeur des fleurs au Tabac, car on doit être persuadé que son odeur naturelle est d'une force extraordinaire, & par consequent qu'il faut qu'il soit parfaitement bien purgé & qu'il ait absolument perdu son odeur forte, pour en pouvoir prendre aisément une douce ; car il est constant que s'il n'est pas purgé dans sa perfection, il ne prendra jamais bien l'odeur des fleurs, ou s'il la prend ce sera en employant une fois autant de fleurs qu'il en est necessaire, & il est certain que l'odeur ne s'en conservera pas longs-temps. On aura encore le chagrin que les autres parfums que l'on y pourra mettre d'Ambre, de Musc, & de Civette ne

feront point l'effet qu'ils feroient s'il
étoit bien purgé : car outre que l'odeur
n'en sera pas si agreable, il arrivera que
l'odeur du Tabac corrompra en peu de
temps ces bons parfums , & il ne sera
jamais bon. C'est pourquoy il ne faut
pas regarder à la diminution que la
purgation y aporte pour le rendre
dans sa perfection ; pourveu que l'on
se serve de Toile bien serrée il ne diminuera pas beaucoup & l'on sera as-
suré que l'odeur se conservera aisément d'une année à l'autre dans sa
bonté. Les manieres en sont fort aisées
ainsi que vous le verrés dans son
Traité.

Sur le Temps de cueillir les fleurs.

LOrs que vous voudrez employer
des fleurs, soit pour les Gands ,
soit pour les Essences , Pommades ,
Tabac ou enfin à tout ce à quoy vous
en aurez besoin, observez particuliè-
rement que c'est le matin & le soir
qu'elles doivent être cueillies ; sçavoir
le matin aprés que le Soleil aura donné dessus une heure ou deux , & le soir

deux heures avant le Soleil couché : qu'à les fleurs d'Oranges & autres soient ouvertes & non pas en bouton : qu'elles ne soient mouïllées en aucune façon, & sur tout qu'elles ne soient point envelopées de linge mais de papier bien sec.

Le dernier avertissement que je donne, c'est que si l'on trouve que la quantité que je marque dans mes compositions soit trop grande, il est facile d'en accommoder si peu que l'on voudra à la fois en diminuant également ou à proportion toutes les choses qui y sont comprises. Je les ay toutes écrites de la même maniere que je les ay moy même experimentées & executées.

Je ne renferme pas dans ce petit volume aucune maniere de farder, étant persuadé qu'il n'y a point de fard qui ne gâte le visage : j'enseigne seulement des Pommades qui sont tres-singulieres, & desquelles on se peut servir en toutes assurance, car elles font un tres bel effet & ne fardent pas.

TRAITE'

TRAITÉ

DES POUDRES POUR
les Cheveux.

Poudre de Rozes communes.

D ANS une caiſſe où il y
aura vingt livres de poudre
d'amidon, vous y mettrés
une livre de feuilles de Ro-
ſes, que vous mélerés bien avec la
main, enſorte qu'il y en ait par tout,
& de quatre en quatre heures vous ne
manquerés de la bien remuër, afin que
les fleurs ne s'échaufent point ; & le
lendemain à pareille heure que vous
les aurés miſes vous les ſaſſerés, &
vous en remettrés d'autres en pareille
quantité & ainſi de même juſqu'à trois

A

fois, pendant lequel temps vous laisserés la caisse ouverte depuis la première fois que vous&y aurés mis les fleurs jusqu'à ce qu'il n'y en ait plus, & la poudre sera faite.

Poudre de Rozes musquées.

COmme l'on a pas les Rozes musquées en abondance comme les communes, il ne faut prendre du corps de poudre qu'à l'équipolent de ce qu'on a de fleurs, & faire ensorte qu'il y en ait par tout, & laisser les fleurs dans ladite poudre vingt quatre heures : Au bout du quel temps il faudra sasser les fleurs & en remettre de fraîches, & ainsi faire jusqu'à trois fois. Il n'est point necessaire de remuër les fleurs, parce qu'elles ne s'échaufent point. La caisse doit demeurer fermée.

Poudre de fleur d'Oranges.

DAns une caisse où il y aura vingt cinq livres de poudre d'amidon, vous y mêlerés une livre de fleurs

d'Orange, vous ferés enforte qu'elles
foient également mifes par tout, &
vous aurés foin de la remuër au moins
deux fois le jour pour empêcher qu'elles ne s'échaufent, & au bout de vingt
quatre heures vous fafferés vos fleurs,
& en remettrés de fraiches en même
quantité & vous ferés ainfi pendant
trois jours. Si l'odeur ne vous en paroît pas affez forte, vous en pourrés
remettre encore une fois & elle fera
faite. Il faut toûjours tenir la caiffe
fermée, auffi bien quand les fleurs y
font , comme lors qu'elles ny font
plus.

Poudre de Jaffemin.

Dans une caiffe où il y aura vingt
livres de poudre d'amidon, vous
y mêlerés un millier de brins de Jaffemin bien également , faifant un lit de
poudre & un lit de fleurs, & vous laifferés ainfi vos fleurs l'efpace de vingt
quatre heures fans les remuër, car le
Jaffemin ne s'échaufe pas. Enfuite vous
fafferés vos fleurs ; & en remettrés de

fraiches en même quantité; vous continuerés ainsi l'espace de trois jours, &
elle sera faite ; si vous souhaitez que
l'odeur en soit plus forte, vous y remettrés des fleurs encore une fois.

Poudre de Ionquille.

VOus en userés pour la composition de cette poudre, comme à la
poudre de Rozes musquées : Selon la
quantité que vous aurez de fleurs vous
prendrés de la poudre, ensorte qu'il y
ait des fleurs par toute ladite poudre
sans être pour tant trop confuses, &
les ayant laissé vingt quatre heures,
sassés vos fleurs, & en remettez de fraiches : Vous ferez ainsi l'espace de trois
jours, & sera faite.

Poudre d'Ambrette.

PRenés cinq livres de poudre de
Jassemin & cinq livres de poudre
de Rozes musquées, & les mêlés ensemble. Ensuite emplissez un sas de
cette poudre ; versés dedans deux gros

d'essence d'Ambre & la mêlés ; puis
sallés vôtre poudre, à la reserve des
grumelots que l'essence aura formé :
Remettés parmy les grumelots de la
susdite poudre & continués à saller jusqu'à ce que vous ayez desseiché &
passé le tour. Puis mêlés bien le tout
ensemble, & sera fait.

Quoique les Poudres Blanches
soient parfumées aux fleurs, ce n'est
pas encore assez, il faut faire un parfum comme cy aprés, afin de les mettre dans leur perfection & pour lors il
n'y manquera plus rien.

Parfum pour parfumer les autres
poudres.

PRenés douze livres de poudre d'am-
brette ou autre sorte si vous voulés, ensuite mettés dans le petit mortier un demi gros de Civette & gros
comme une petite noix de sucre, &
les pilés ensemble : Ajoûtés y de cette
poudre & la passez au sas : & ce qui
vous restera de grumelots, repilés les
& les consommés & passés avec de la

même poudre, & ayant tout paſſé vous
conſommerés de la même maniere un
gros de Muſc, puis vous mêlerés bien
le tout enſemble, & ſera fait.

Vous pouvés mêler deux onces de
cette poudre dans une livre de poudre
de jaſſemin ou de fleurs d'orange, cela
fait un mélange d'odeurs fort agreable, & aide beaucoup à faire pouſſer
les odeurs de fleurs.

Poudre purgée à l'Eau de vie.

DAns une caiſſe où il y aura dix
livres d'amidon en poudre, vous
y verſerés une chopine d'Eau de vie &
mêlerés bien le tout. Enſuite le laiſſerés ſeicher, & étant ſec le pilerés &
repaſſerés bien fin par le Tamis, &
ſera fait.

Poudre de Violette ou d'Iris.

IL n'y a point d'autre façon à faire
que de piler l'Iris & le paſſer au
Tamis : cette poudre eſt tres bonne
pour les cheveux, & elle ſent natu-

rellement la violette, & il n'y en a
point d'autre de cette odeur, parce que
la fleur n'a pas assez de force.

Poudre de mousse de Chesne : Autrement dit de Cipre.

IL faut premierement mettre tremper la mousse de Chesne dans beaucoup d'eau, l'espace de trois jours au
moins, ensuite la retirer de l'eau & la
bien exprimer, puis la laver encore
par plusieurs fois jusqu'à ce que l'eau
demeure nette, & pour lors vous l'a
retirerés de l'eau & l'exprimerés bien
& la mettrés secher au Soleil, & vous
aurés soin de la remuër de deux en
deux heures à mesure qu'elle seichera,
afin qu'elle ne s'échaufe pas, & étant
bien seiche vous ferés ce qui suit. Pour
la mettre en poudre vous emplirés vôtre mortier de ladite mousse, & jetterés dessus un verre d'eau & la pilerés,
elle ne manquera de se reduire en miettes ; ce qui ne se feroit pas si elle n'é-
toit humectée de la façon, & après
l'avoir ainsi reduitte, vous l'a remet-

trés feicher au Soleil , & étant bien
feiche , vous l'a pilerés aifément au
mortier & la pafferés au Tamis tout le
plus fin, & fera faite.

La derniere purgation que l'on fait
à la poudre de Cipre, c'eſt de luy donner une fois ou deux les fleurs de Jaffemin ou de Rofes mufquées tout
comme aux autres poudres. Elle ne
prend pas pour cela l'odeur des fleurs
comme l'amidon, mais cela l'a rend en
état de prendre facilement les autres
odeurs que l'on luy veut donner.

Comme on a à Lyon la commodité
des Trouilleurs, qui mettent toutes
chofes en poudres, les perfonnes de
Lyon pourront par ce moyen la faire
mettre en poudre fans en avoir la peine , pourveu qu'elle foit auparavant
bien purgée & feichée ainfi que je
viens de le dire.

Poudre de Franchipanne.

VOus prendrés fix livres de poudre de fleurs d'Orange & fix livres de poudre de mouffe de Chefne,

que vous mêlerés enfemblé, puis vous ferés chaufer le cul du petit mortier & le bout de fon pilon affez chaud pour griller la falive ; vous y verferés une once d'effence d'Ambre & dans le mê- me inftant plein la main de la fufditte poudre, que vous mêlerés bien avec le pilon y ajoûtant de la poudre jufqu'à ce que le mortier foit plein, enfuite vous renverferés vôtre mortier dans un fas, & vous remettrés encore de la même poudre par deffus, & la fafferés dans une caiffe afin que l'odeur ne s'é- vante pas, & ce qui reftera de grume- lots que l'effence aura formé, vous les remettrés dans le mortier, les pilant & mêlant comme auparavant en ajoû- tant de la poudre, & enfin continue- rés ainfi jufqu'à ce que le tout foit confommé & paffé, puis vous ferés ce qui fuit.

Vous mettrés dans le mortier un demi gros de Civette avec un morceau de fucre gros comme une noix, vous broyerés vôtre Civette avec le fucre, vous y ajoûterés peu à peu de la poû- dre, en la mêlant avec le pilon, en-

suite vous la renverserés dans un sas
& sasserés legerement, puis vous remettrés dans le mortier les grumelots
que la Civette aura formés, vous les repilerés y ajoûtant de la poudre comme
auparavant, & continuerés ainsi jusqu'à ce que le tout soit passé, puis
vous mêlerés bien le tout ensemble &
elle sera faite.

Cette poudre est d'une agreable
odeur, la couleur en est d'un gris cendré, qui convient parfaitement bien à
toutes couleurs de cheveux.

Autre maniere.

VOus pouvés mêler de la poudre
de Cipre avec de la poudre d'a-
midon en quantité égale, & leur donner les fleurs comme à la poudre de
fleurs d'Orange ou de Jassemin, & ensuite quand bon vous semble leur donner l'odeur de l'Ambre & de la Civette
comme il est enseigné cy-dessus, & elle
sera tres bonne.

Autre maniere.

Yant obfervé l'un des deux articles cy. deffus, fi vous voulés la
rendres mufquée, il faut fur la même
quantité de poudre, au lieu d'y mettre
un demi gros de Civette, n'y en mettre que dix-huit grains & y ajoûter un
demi gros de Mufc, & le broyer &
confommer avec du fucre de la même
maniere que l'on confomme la Civette, & l'odeur en fera tres bonne.

Maniere de parfumer la poudre de Ci-pre comme à Montpellier.

VOus prendrés deux livres de poudre de mouffe de Chefne toute
pure, qui ait été purgée avec les fleurs,
comme il eft dit dans fon article. Vous
y confommerés dix-huit grains de Civette avec un peu de fucre, comme il
eft cy-devant enfeigné. Enfuite vous y
confommerés un demi gros de Mufc
de la même maniére, ce qui étant fait,
vous la mettrés dans une boîte bien

close, elle sera d'une odeur admirable,
il n'en faudra que tres peu sur un perruque ou sur la tête pour sentir parfaitement bon.

*Poudre fine à la Mareschalle propre à
faire des pastes pour des Chapelets.*

VOus prendrés deux livres de
moulle de chesne, une livre de
poudre d'amidon, une once de clou
de Gerofle en poudre, une once de
Calamus en poudre, deux onces de
Souchet en poudre, deux onces de bois
vermoulu en poudre, mêlés bien le
tout ensemble, & elle sera faite.

Il faut que ce soit du bois de chesne
vermoulu, parce qu'il est rouge &
qu'il donne une belle couleur à cette
poudre.

TRAITE'

DES SAVONETTES.

Maniere de purger le Savon.

Ous prendrés une Table de Savon que vous ratisserés bien, ensuite la decouperés bien mince & vous mettrés le tout dans un grand chaudron sur le feu avec cinq ou six pintes d'eau , & vous ferés fondre vôtre Savon toûjours remüant avec un bâton jusqu'à ce qu'il soit bien fondu : Ensuite vous le verserés dans des vaisseaux & le laisserés plusieurs jours jusqu'à ce qu'il soit bien ferme : Puis vous vous le decouperés tout le plus mince que vous pourrés , & vous le laisserés seicher jusqu'à ce qu'il soit dur comme du bois. Ensuite vous le mettrés

dans des vaiſſeaux ou baſſins & verſerés de l'eau de vie ſuffiſamment pour
le détremper : Vous y jetterés auſſi
quelque poignée de ſel, & tourne-
rés bien le deſſus deſſous afin que le
tout ſoit bien imbibé : Puis vous le
mettrés derechef ſeicher à l'air, juſqu'à ce qu'il ſoit bien ſec, & pour lors
quand vous en aurés beſoin vous le
ferés ramolir ſelon les Savonettes que
vous voudrés faire : Comme vous
trouverés dans leurs articles.

Savonettes communes.

PRenés cinq livres de Savon que
vous ratiſſerés & le mettrés dans
le mortier pour le piler aſſez longs-
temps : Enſuite maniés bien vôtre Savon pour en retirer les petits morceaux qui n'auront pas été pilés ; remettrés vôtre Savon dans le mortier &
y mettrés auſſi deux livres de poudre
d'amidon, une once d'eſſence d'Orange ou de Citron, & environ un demi
ſeptier d'eau de Macanet preparée de
la maniere que je vous le diray bien-

tôt ; mêlés doucement le tout ensemble avec le pilon , & ensuite pilés le
tout assez longs-temps pour bien mêler le tout ensemble , & sera fait. Il ne
s'agira plus que de rouler vôtre pâte
de la façon que vous voudrés pour en
faire des Savonettes & les laisser seicher, si vôtre pâte se trouve trop môle,
il la faut laisser rafermir d'elle-même.

L'Eau de Macanet se fait ainsi. Vous
pilerés quatre onces de Macanet dans
le mortier , & le mettrés tremper dans
une chopine d'eau du jour au lendemain , ensuite vous passerés cette eau
par un linge & exprimerés bien le Macanet , puis vous ferés détremper dans
la même eau deux onces de blanc de
Ceruse que vous aurés mis auparavant
en poudre , vous y ajoûterés encore
une poignée de sel & vous en servirés
comme j'ay dit.

Autre maniere.

LOrs que vous aurés pilé cinq livres de Savon comme cy-devant,
& retiré les grumelots , vous remet-

trés vôtre Savon dans le mortier, & vous y ajoûterés deux livres de poudre d'amidon, environ un demi septier d'eau de Macaner appreſté comme cy-devant, une cuillerée d'huile d'Aſpic, une demi once d'eſſence d'Orange ou de Citron,& deux cuillerées de Storax liquide appreſté comme cy-aprés: Vous mêlerés le tout doucement avec le pilon : enſuite vous pilerés à grands coups juſqu'à ce que le tout ſoit bien mêlé & incorporé, & ſera fait.

Le Storax liquide s'appreſte ainſi. Vous mettrés une once de Storax liqui-de dans une terrine avec un demi verre d'eau, & remuerés le Storax avec une cuillere à meſure qu'il fondra, & étant fondu vous vous en ſervirez comme il eſt dit.

Autre maniere.

FAite fondre cinq livres de Savon coupé bien mince, avec une pinte d'eau de Citron, & étant bien fondu paſſés le tout dans un linge qui ne ſoit point trop fin, enſuite ajoûtés y deux

livres

livres de poudre d'amidon , une once
d'essence d'Orange ou de Citron;deux
onces de Ceruse détrempée dans un
verre d'eau , vous petrirés bien vôtre
pâte avec les mains , jusqu'à ce que le
tout soit bien mêlé, & lors que vôtre
pâte sera rafermie , vous roulerés vos
Savonettes de la grosseur que vous
voudrés, & les mettrés seicher.

Pour faire l'eau de citron, vous couperés par morceaux environ une demi
douzaine de Citrons, vieil ou non, il
n'importe, que vous ferés boüillir dans
une pinte d'eau, l'espace d'une demi
heure : Ensuite vous les exprimerés
dans un linge & vous vous servirés
de cette eau.

Savonettes de Néroly.

VOus prendrés huit livres de Savon sec purgé comme il est enseigné cy-devant, & le mettrés dans
un bassin : Vous y verserés de l'eau de
fleurs d'Orange ou de Roze jusqu'à la
hauteur du Savon afin de le détremper.
Vous aurés soin deux fois le jour de

B.

remuër le dessus dessous jusqu'à ce que
le Savon aye consomé l'eau & soit
ramoly : Et vous le laisserés ainsi jusqu'à ce que vous le voyez en état d'ê-
tre pilé , puis vous le pilerés asséz
longs-temps & vous le manierés bien
aprés l'avoir pilé , afin de retirer les
grumelots qui y resteront ; vous remettrés vôtre Savon dans le mortier ,
& y ajoûterés une livre de Labdanum
en poudre bien fine, & deux onces
d'essence de Neroly, vous mêlerés doucement le tout ensemble avec le pilon,
ensuite vous pilerés asséz longs-temps
pour bien mêler & incorporer le tout,
& sera fait. Si la pâte se trouvoit trop
fenne vous y pouvés verser de l'eau de
fleurs d'Orange à discretion, & la pâte
en sera très bonne , lors que la pâte
sera rafermie , vous roulerés vos Savonettes & les mettrés seicher.

Savonettes de Bologne.

VOus prendrés trois paquets de
Savonettes des communes de
Bologne , que vous pilerés dans le

mortier jufqu'à ce qu'elles foient mifes
en miettes , & les mettrés dans un
baffin & y verferés de l'eau d'Ange
jufqu'à la hauteur de la pâte & la laifferés tremper jufqu'à ce qu'elle foit
amolie, ce qui pourra être dans deux ou
trois jours, pendant lequel temps vous
aurés foin deux fois le jour de remuér
le deffus deffous , & lors qu'il n'y aura
plus d'eau & que la pâte fera rafermie
vous la pilerés affez longs-temps , puis
vous la manierés bien pour en tirer
les grumelots , & enfuite vous partagerés vôtre pâte en deux pains égaux,
puis vous ferés ce qui fuit.

Vous prendrés un demi feptier d'eau
d'Ange & autant d'eau de Roze, &
vous mettrés dans le petit mortier
deux gros de mufc avec un peu de laditte eau d'Ange pour le dilayer, vous
le pilerés bien en ajoûtant toûjours de
cette eau , puis vous le pafferés par un
linge qui ne fera ny trop gros ny trop
fin : Enfuite vous ramafferés avec une
cuilliere le mufc qui fera refté dans le
linge , & le pilerés derechef , y ajoûtant toûjours de l'eau , & vous conti-

nuerés jufqu'à ce que le Mufc ait été
paffé & confommé avec l'eau d'Ange
& l'eau de Roze , & le linge fera lavé
avec de la même eau afin qu'il ny refto
point de mafc , & le tout étant bien
mêlé toute l'eau fera mife dans une
bouteille de verre pour s'en fervir
comme vous verrés cy-apres.

Vous prendrés un des deux pains de
pâte fufdits que vous mettrés en morceaux dans le mortier ; vous mettrés
deffus une bonne poignée de poudre
de Labdanum paffée bien fine , demi
once de beaume du Perou , un bon filet d'effence de Neroly , & environ un
demi feptier de la fufditte eau , vous
mêlerés bien doucement le tout enfemble avec le pilon : Enfuite vous
pilerés le tout affez longs-temps pour
bien mêler la pâte & fera faite. Et
tout ainfi que vous aurés fait fur ce
pain vous ferés fur l'autre , & vous les
mettrés enfemble bien couverts environ deux jours , afin de leur donner le
temps de bien prendre les odeurs ; &
enfuite la pâte étant raferinie vous les
roulerés comme vous voudrés & elles

feront faites, & vous les mettrés seicher.

Savonettes de Bologne les meilleures.

IL faut prendre trois paquets de Savonettes communes de Bologne
qu'il faut piler & mettre tremper avec
de l'eau d'Ange jusqu'à la hauteur de
la pâte tout ainsi qu'aux precedentes :
& outre l'eau d'Ange ajoûtez-y un
demi septier de lait virginal , & vous
remuërés cette pâte deux fois le jour
le deslus dessous , afin que le tout se
détrempe bien , & l'eau étant ébûë &
la pâte rafermie , il la faudra piler &
ensuite la manier pour en retirer les
grumelots , & le tout étant bien reduit
en pâte il en sera fait deux pains égaux,
puis vous ferez ce qui suit.

Vous pilerés demi once de Musc
dans le petit mortier avec de l'eau
d'Ange , tout comme il est enseigné
dans les Savonettes precedentes : &
enfin vous consommerés vôtre Musc
le pilant & passant par un linge avec
un demi septier d'eau d'Ange & autant

B 3

d'eau de Roze , puis vous vous en ſervirés comme il ſuit.

Vous prendrés un des deux pains de
pâte que vous mettrés par morceaux
dans le mortier , & vous mettrés par
deſſus ce pain deux onces de baume du
Perou , un bon filet d'eſſence de Neroly , une bonne poignée de poudre
compoſée ; ſçavoir un tiers de poudre
fine à la Maréchalle , un tiers de poudre de racine de Campanne, & un tiers
de Labdanum en poudre , & un demi
ſeptier de l'eau ſuſditte compoſée avec
le Muſc : vous mêlerés bien tout enſemble & le pilerés aſſez longs-temps :
& la pâte ſera faite , l'odeur en eſt fort
agreable. Vous roulerés vos Savonettes lors que vôtre pâte ſera ferme , &
tout ainſi que vous aurez fait ſur ce
pain de pâte vous ferés ſur l'autre.

Savonettes bien Parfumées.

VOus prendrés trois paquets de
Savonettes communes de Bologne , vous les caſſerés au mortier ,
& les mettrez tremper avec de l'eau

d'Ange & du lait virginal, comme les précedentes de Bologne, & étant re-pilées & mises en pâte vous les partagerés en deux pains égaux, puis vous ferez une composition comme il suit.

Vous broyerez demi gros de Civette dans le petit mortier avec deux onces de baume du Perou que vous y mêlerez peu à peu : Vous y ajoûterez deux gros d'essence d'Ambre, un bon filet d'essence de Canelle, autant de celle de Gerofle, vous mêlerez bien le tout ensemble & le mettrez à part pour vous en servir comme vous verrez cy-apres.

Vous mettrés dans le mortier un de vos pains de pâte rompus par morceaux, vous mettrez dessus deux poignée de poudre composée ; sçavoir un tiers de poudre de Labdanum, un tiers de poudre fine à la Maréchalle, & un tiers de poudre de racine de Campanne, vous y mettrez aussi la moitié de la susditte composition, & un demi septier d'eau de mille fleurs, & une demi once d'essence de neroly, & vous mêlerez bien le tout ensemble, & lors que

vous aurez pilé affez longs-tems pour
bien incorporer le tout, la pâte fera
faite. Vous en pourrez faire autant
fur l'autre partie de pâte.

Autre maniere.

VOus prendrés trois paquets de
Savonettes comme cy-devant,
que vous cafferés au mortier & ferez
détremper & remettrez en pâte comme les précedentes, & le tout étant
partagé en deux pains égaux, vous en
mettrez un dans le mortier rompu par
morceaux, vous y ajoûterez une poignée de poudre de Labdanum, une
poignée de mart d'eau d'Ange en poudre, une once de baume du Perou,
une demi once d'effence de Neroly, &
un demi feptier d'eau de mille fleurs :
vous mêlerez doucement le tout avec
le pilon, & enfuite vous pilerez affez
longs-tems & fera fait. Vous en pourrez faire autant fur l'autre partie de
pâte.

On fçaura que les perfonnes qui
n'auront pas la commodité d'avoir des
paquets

paquets de Savonettes de la pâte de Bologne se pourront servir de Savon purgé, comme je l'enseigne au commencement de ce Traité ; il sera fort bon pour faire toutes les Savonettes que l'on voudra faire, on en pourra prendre quatre livres ou un peu plus si on veut à la place de chaque paquet, & au deffaut des poudres qui sont comprises dans les compositions des Savonettes dont j'ay parlé cy-devant, se pourront servir de mart d'eau d'Ange passé bien fin par le Tamis, & elles ne seront pas moins bonnes, & sur tout que toutes les poudres que l'on y mettra soient bien fines.

§. I. *Lait Virginal tres bon.*

VOus mettrés dans une bouteille de gros verre une pinte d'esprit de vin, & une pinte d'eau de vie, une demi livre de Benjoin concassé, un carteron de Storax concassé, une demi once de clou de Gerofle bien pilé, une once de Canelle bien pilée, quatre Muscades concassées : le tout étant dans la bouteille, vous la boucherez bien & l'exposerez au Soleil,

C

posée sur du fable dans la chaleur de l'Eté, l'espace d'un Mois, & sera fait. Vous aurez soin de la retirer de la pluye, & observerés que la bouteille soit assez grande afin qu'il y reste au moins quatre doigts de vuide, car autrement l'esprit de vin étant échaufé ne manqueroit pas de la faire casser.

S'il ne vous sembloit pas assez rouge au bout du temps marqué cy-dessus, quoy qu'il le doit être assez, il ne faudra alors que broyer dans le petit mortier gros comme une feve d'Orcanet, & le dilayer avec du même lait Virginal, vous le verserés dans la bouteille & la remettrés deux ou trois jours au Soleil & sera fait.

§. II. *Eponges preparées pour le Visage.*

VOus choisirés des Eponges toutes les plus belles & les plus fines, & vous couperés ce qui peut être autour qui n'y convient pas. Vous les mettrés ensuite tremper dans de l'eau pendant quelques heures, puis vous les laverés & frotterés bien en les changeant d'eau tant de fois que l'eau

demeure claire. Puis vous les mettrés
seicher , & étant seiches vous les mettrés tremper dans de l'eau d'Ange , ou
bien dans de l'eau de fleurs d'Orange
dans laquelle vous aurez versé un filet
d'Essence d'Ambre , & aprés y avoir
trempé du jour au lendemain vous les
retirerés de l'eau sans les trop exprimer & les mettrés seicher , & seront
faites.

TRAITE'
DES ESSENCES ET
Huiles parfumées aux fleurs.

Maniere de faire les Essences de fleurs.

LEs fleurs quoy que differentes n'apportent pas plus de difficulté les unes que les autres à faire les Essences, car lors que l'on en fait bien d'une fleur on en fait bien de toutes les autres : Voicy une maniere generale pour toutes les fleurs qui ont de l'odeur.

Il faut avoir une caisse de telle grandeur que l'on voudra, le dedans de laquelle sera garny de fer blanc afin que le bois n'offense pas l'odeur des fleurs, & ne boive pas l'Essence qui pourroit égouter.

Il faut avoir des chaffis c'eſt-à-dire des cadres de bois qui puiſſent entrer ſur leur plat aiſément dans la caiſſe : le bois en ſera de deux doigts d'épaiſ-ſeur & tout au tour dudit chaffis il y aura des pointes d'éguilles.

Il faut auſſi avoir autant de toiles que de chaffis ; ces toiles ſeront à peu prés comme une ſerviete & un peu plus grandes que les chaffis, afin de les pouvoir piquer tout autour deſdits chaffis pour les tenir étenduës deſſus, ainſi il eſt aiſé par cette explication de proportionner les toilles aux chaffis & les chaffis à la caiſſe.

Ces toilles doivent être de toille de cotton, & qu'elles ayent été à une bon-ne leſſive ; & enſuite bien lavées dans de l'eau bien claire, & qu'elles ſoient bien ſeiches.

Vous tremperés vos toilles en huile de Ben, & leur laiſſerez boire toute l'huile qu'elles pourront boire : vous les exprimerez un peu afin que l'huile ne dégoute pas, enſuite vous les éten-drez ſur vos chaffis par le moyen des éguilles qui ſont au tour. Vous met-trez le premier chaffis au fonds de la

caiſſe & des fleurs de Jaſſemin ou de
fleurs d'Orange ou enfin celle qu'il
vous plaira, que vous ſemerez également dans le chaſſis ſur la toille, &
remettrez un autre chaſſis ſur le premier ; & vous mettrez enſuite des
fleurs dans ce ſecond, puis encore un
autre chaſſis par deſſus ; vous continuerez ainſi juſqu'à ce que vous ayez
mis tous vos chaſſis, ou que vôtre
caiſſe ſoit pleine.

Comme je vous marque que les
chaſſis ſoient de l'épaiſſeur de deux
doits, il s'enſuit que les fleurs qui ſe
trouvent entre deux chaſſis, ne ſont
point preſſées : & par ce moyen chaque toille a des fleurs deſſus & deſſous. Vous laiſſerez vos fleurs dans les
chaſſis pendant douze heures. C'eſt à
dire les ayant miſes le matin vous les
retirerez le ſoir, & en remettrez de
fraîches, & celle du ſoir vous les chan-
gerez le lendemain matin, vous continuerez ainſi pendant quelques jours,
juſqu'à ce que l'odeur vous en paroiſſe
aſſez forte.

Vous léverez alors vos toilles de
deſſus les chaſſis, & vous les playerez

en quatre, & puis les ayant roulées & liées de plusieurs tours avec une ficelle, afin qu'elles ne s'étendent pas trop, vous les mettrez dans la presse pour en tirer l'huile qui est l'essence en question.

Il faut que la presse de laquelle vous vous servirez soit garnie de fer blanc, afin que l'essence ne s'attache pas au bois. Vous mettrez des vaisseaux bien propres dessous la presse pour recevoir l'essence, que vous mettrez ensuite dans des phioles ou bouteilles de verre, & sera faite.

On remarquera qu'il ne se peut faire dans une caisse que l'essence d'une fleur à la fois : car l'odeur de l'une corromproit l'autre ; & les toilles qui auront servi à tirer l'odeur d'une fleurs, ne pourront servir pour un autre, qu'elles n'ayent été à la lessive, & qu'elles n'ayent été bien lavées en l'eau claire & qu'elles ne soient bien feiches.

Essence de Mille-fleurs.

L'Essence de Mille-fleurs est composée d'une partie d'essence de

toutes les fleurs, que l'on mêle ensemble, mettant un peu plus de celle
qui a l'odeur foible, & un peu moins
de celle qui a l'odeur plus forte : &
enfin faisant ensorte de les assortir si
bien, que l'on ne puisse connoître
celle qui domine, & sera faite.

Huile d'Olive parfumée aux fleurs.

L'Huile d'Olive dont on se sert doit
être toute la meilleure & la plus
fine que l'on puisse trouver, & c'est
celle que l'on appelle huile Vierge,
elle ne sent presque rien d'elle-même,
ainsi elle prend assez bien l'odeur des
fleurs. Il n'y a point d'autre façon
pour luy donner l'odeur que de faire
comme l'on a dit à l'Article des
Essences.

Huile d'Amande douce parfumée, & pâte pour laver les mains.

VOus pélerez en l'eau chaude telle
quantité que vous voudrés d'A-
mande douce, & vous les mettrez es-
suyer à l'air, étant seiches vous les
pilerez grossierement, pour les pouvoir passer au crible. Vous les mettrés

dans une caiſſe qui ſera garnie de fer
blanc ou de papier, vous ferez un lit
de vôtre poudre d'Amande épais d'un
doigt, & par deſſus un lit de fleurs de
celles que vous voudrez, puis un autre lit d'Amande & par deſſus un lit de
fleurs, & vous continuerez ainſi juſqu'à ce que vous ayez employez vos
fleurs & vôtre poudre d'Amande.
Vous y laiſſerez vos fleurs du matin
au ſoir, ou ſi vous n'en avez pas en
abondance, vous les y laiſſerez vingt
quatre heures, & les retirerez avec le
crible, & en remettrés de fraîches,
vous ferés ainſi juſqu'à ce que vous
ſentiez que vos Amandes ayent bien
pris l'odeur : Enſuite vous aurez des
toiles fortes, grandes d'un quartier en
quarré, qui ayent été à la leſſive, &
qu'elles ſoient bien ſeiches : Vous
mettrés vos Amandes dedans & vous
en ferés ainſi des paquets, vous en
mettrés deux enſemble plis contre plis,
dans la preſſe pour en tirer l'huile,
qui ne manquera d'avoir l'odeur que
vous luy aurez donné, & outre cela
les pains d'Amande que vous aurez
auront auſſi l'odeur des fleurs. Cela

est fort bon pour laver les mains, il
faut seulement les piler au mortier &
les passer dans un sas, & s'en frotter
les mains avec de l'eau tiede, on y
peut mêler si l'on veut un peu de poudre d'Iris, c'est cette pâte qu'on appelle
pâte de Provence, ou pâte de Jassemin
ou de fleurs d'Orange.

Il faut observer que tant pour les
Essences que pour les Huiles, les toilles ou la pâte doivent demeurer dans
la presse du moins trois heures pour
rendre leurs huiles.

Essence de Neroly.

L'Essence de Neroly se trouve sur
l'eau de fleurs d'Orange, parce
qu'elle sort du fruit qui est dans la
fleurs, & il ne se tire de cette Essence
que par petite quantité ; ainsi il faut
faire beaucoup d'eau pour en avoir une
once. Voicy comment on la recüeille,
lors que vôtre eau de fleurs d'Orange
se distille, il la faut recevoir dans une
bouteille ou matras, qui ait la panse
grosse & le goulot fort longs & étroit,
& lors que la bouteille est pleine d'eau,
il la faut laisser reposer & la boucher :

& comme l'essence est la plus legere,
elle ne manque pas de monter au dessus de l'eau ; & ainsi étant à l'extré-
mité du goulot de la bouteille, il est
aisé de la verser dans un autre : elle paroît verte dans le commencement,
mais lors qu'elle a été un peu gardée,
elle est rouge.

Comme il ne se peut en retirant
l'essence que l'on y mêle de l'eau, il
faut pour les separer mettre l'essence
avec l'eau qui si trouve mélée dans une
moyenne phiole de verre, & boucher
le goulot avec le pouce & la renver-
ser de haut en bas, & comme l'essence
est legere elle remonte en haut, &
pour lors vous lâchez un peu le pouce pour laisser sortir l'eau doucement,
& l'eau étant sortie vous serrez le
pouce pour retenir l'essence qui reste
seule.

Essence de Cedra, ou Berga-motte.

L'Essence de Cedra se tire d'un Citron produit par une branche de
Citronnier, qui est antée dans le tronc
d'un Poirier de Berga-motte, ainsi le
Citron qui en provient tient des deux

qualitez, & pour en tirer l'essence on
coupe de petits morceaux d'écorce de
ces Citrons, que l'on presse avec les
doigts dans une bouteille ou bombe de
verre, où l'on peut seulement entrer
la main pour presser le zest tout comme
l'on fait de celuy d'Orange dans une
tasséede vin, ainsi par la quantité l'on
a de l'essence.

Essence d'Orange forte, ou de Petit-grain.

VOus mettrés une quantité telle
que vous voudrés de petites
Oranges point trop meure dans l'A-
lambic au refrigeratoire avec de l'eau,
& vous recevrez la distillation dans un
matras ou bouteille de verre à long
goulot ; & étant reposé, l'essence se
trouvera dessus. Il la faudra retirer de
dessus l'eau, & la serrer dans des phioles de verre & les bien boucher.

Au Traité de la distillation des eaux,
vous trouverez la maniere de gouver-
ner l'Alambic.

Essence de Citron.

L'Essence de Citron se fait de la même maniere que l'essence d'Orange forte : il faudra seulement couper les Citrons par la moitié, & les mettre dans l'Alambic au refrigeratoire avec de l'eau, & recevoir la distillation comme il est dit cy-devant : & retirer l'essence de même. Je ne prescrits pas la quantité de Citrons ny d'Oranges, il est aisé à juger qu'il faut qu'il y ait de l'eau suffisamment pour les faire bouillir, sans brûler, il faut aussi qu'il y ait du fruit suffisamment pour produire de l'essence.

§. I. *Cire blanche pour la Barbe.*

VOus mettrés quatre onces de Cire blanche, & deux onces de pommade de Jassemin ou autre odeur fondre ensemble dans une terrine sur un rechaut de feu, les remuant doucement : & étant fondus vous y verserez une cuillerée d'essence de Citron ou d'Orange forte ; & l'ayant mêlé vous emplirés vos moules, & tout aussi-tôt vous les mettrés tout debout dans un autre vaisseau, dans lequel il y aura de l'eau froide pour les faire prendre, & étant refroidis ils feront faits.

Les moules à Cire font de fer blanc de la grandeur du bâton de Cire, & par un bout ils ont un couvercle ou emboiture comme un étuy ; & lors que la Cire eft refroidie, on tire le couvercle & l'on poufſe le bâton du bout du doigt pour le faire fortir.

Cire noire.

DAns la même compofition cy-deſſus, il ne faudra qu'y mêler pour fix deniers de noir de fumée, & elle fera noire.

Cire grife parfumée.

DAns la compofition de la cire blanche, vous y mêlerés, deux cuillerés de poudre fine à la Maré-challe, & elle fera grize.

Autre maniere.

DAns la compofition de la cire blanche, vous y mêlerés deux cuillerées de mart d'eau d'Ange en poudre bien fine, & au lieu d'eſſence d'Orange forte, ou de Citron, vous y mêlerés un bon filet d'eſſence d'Am-bre ou de Neroly & vous emplirés vos Moules.

TRAITE'
DES POMMADES.

Pommade parfumée aux Fleurs.

Ous prendrés la quantité que vous voudrés de panne de Porc & vous la mettrés tremper dans l'eau tout en morceau comme elle est tirée du Porc, & la changerés d'eau de trois en trois heures pendant quatre jours, mais vous aurés soin pendant les deux derniers jours de la petrir dans l'eau avec une cuilliere à chaque fois que vous la voudrés changer d'eau, ensuite vous la retirerés de l'eau, & l'égouterés bien : & vous la mettrés fondre doucement sur le feu dans un pot de terre neuf vernissé, la remuant doucement afin qu'elle ne grile pas, & étant toute fonduë vous verserés vô-

tre Pommade dans un baſſin plein
d'eau, remuant toûjours l'eau & la
Pommade enſemble avec une Spatule,
ſans diſcontinuer juſqu'à ce qu'elle
ſoit tout-à-fait refroidie & congelée
dans l'eau. Pour lors vous verſerés
l'eau dehors & continuerés à battre &
remuer vôtre Pommade qui peu à peu
rendra toute l'eau qui y ſera mêlée, &
enfin juſqu'à ce qu'il n'y en reſte plus:
puis vous laiſſerés repoſer vôtre Pommade quelques heures & vous ferés ce
qui ſuit.

Vous appareillerés des Plats d'étein
ou autres deux à deux de pareille grandeur, enſuite vous étendrés vôtre
Pommade dans chaque plât de l'épaiſ-
ſeur d'un doigt, & dans l'un vous y
ſemerez les fleurs dont vous voudrez
donner l'odeur, enſorte qu'il y en ait
par tout également & le couvrirez de
ſon pareil. Ainſi les fleurs ne ſeront
point preſſées & donneront l'odeur
à tous les deux.

Vous y laiſſerés les fleurs du matin
au ſoir, ou ſi elles ne vous ſont pas
communes, vous les y laiſſerez vingt
quatre heures, & vous les retirerez &
releverez

releverez vôtre Pommade & la mêlerez un peu, enfuite vous l'étendrez
de nouveaux & remettrés de fleurs
fraîches comme la premiere fois : vous
continuerez ainfi pendant quelques
jours le foir & le matin, jufqu'à ce
que vous la trouviez affez forte d'o-
deur, & fera faite. Il la faudra ferrer
dans de pots de verre.

Il n'y a que la Pommade de Jaffemin, fleurs d'Orange, & Tuberufe,
qui fe puiffe faire bonne & qui fe
puiffe garder, les autres fleurs font
trop foibles pour y donner une odeur
qui dure longs-temps.

Pommade pour rafraîchir le tein &
ôter les rougeurs du vifage.

PRenés une demi livre de panne de
Porc mâle, & la mettés tremper
dans l'eau pendant plufieurs jours, la
changeant fouvent d'eau comme il eft
expliqué à l'Article cy-devant, & lors
que par ce moyen vous aurez bien fait
blanchir cette panne, vous la mettrez
dans un pot de terre neuf verniffé avec
deux pommes de renettes coupées par
morceaux fans péler, & une once de

quatre femences froides pilées, vous
mettrés le pot devant le feu, & ferés
cuire la ditte Pommade l'efpace d'un
quart d'heure : enfuite vous la retirerés du feu & vous y mêlerés une once
d'huile d'amande douce, puis vous la
pafferés par un linge bien ferré, &
laifferés tomber la coulature en eau
claire ; vous remuerez la Pommade &
l'eau avec une fpatule de bois, jufqu'à
ce qu'elle foit prife & congelée dans
l'eau ; puis vous verferés l'eau & remuerez encore la Pommade, pour en
faire fortir toute l'eau qui y fera reftée ;
& fera faite.

Autre Pommade pour le vifage tres-bonne.

VOus prendrés quatre onces de
panne de Porc mâle, que vous
ferés blanchir en la faifant tremper
plufieurs jours, & la changeant fouvent d'eau comme j'ay dit cy-devant :
& étant bien blanche, vous verferés
l'eau & l'égouterés bien & la mettrés
à part.

Vous mettrés enfuite pour un fols.
de cire vierge, & pour deux fols de.

nature de Balaine, & deux onces d'huile d'Amande douce fondre enfemble
dans une terrine fur la cendre chaude
fans les faire boüillir, & pendant qu'ils
fondront vous les remuerez avec une
fpatule de bois pour les bien incorporer enfemble, puis vous ferés fondre
doucement la panne de Porc mâle que
vous aurez preparée, & vous la verferés dans la fufditte compofition, vous
les mêlerés bien enfemble avec la fpatule, puis vous verferez le tout dans
un vaiffeau plein d'eau : vous remuerez la Pommade & l'eau avec la fpatule, jufqu'à ce que la Pommade foit
prife & congelée : pour lors vous la
changerés d'eau tant de fois en continuant à la battre avec la fpatule qu'elle
demeure bien blanche, & elle fera
faite.

Autre Pommade tres-fine pour le
vifage.

VOus prendrés deux onces d'huile
d'Amande douce tirée fans feu,
demi once de cire vierge, pour quatre
fols de nature de Balaine ; vous mettrez fondre le tout enfemble dans une

plât de terre neuf verniſſé, ſur un rechaut dans lequel il y aura ſeulement
de la cendre chaude, & vous remuerez
doucement la cire avec une ſpatule de
bois, pour bien mêler & incorporer
le tout enſemble, vous ôterez enſuite
vôtre compoſition de deſſus le feu &
vous y verſerez peu à peu de l'eau bien
claire, en battant vôtre compoſition
avec la ſpatule, & vous continuerez
ainſi juſqu'à ce que le plât ſoit plein
& la Pommade priſe & congelée dans
l'eau, car il faut qu'elle nage à grande
eau, & l'ayant ainſi battuë dans cette
premiere eau aſſez longs-temps, vous
la verſerez & en remettrez de nouvelle
en la battant toûjours juſqu'à ce qu'elle
demeure bien blanche : pour lors elle
nagera ſur l'eau. Vous la retirerez avec
la ſpatule & la battrez ſans eau juſqu'à ce qu'elle ſoit blanche en perfection, & lors que l'eau ſera ſortie de
la Pommade, vous y mêlerez gros
comme une petite noix de borax paſſé
bien fin, & pour quinze ſols de ſe-
mence de perle fine en poudre bien
fine auſſi, & le tout étant bien mêlé,
elle ſera faite.

Pommade pour les lèvres.

VOus prendrez quatre onces de beure frais tout du meilleur, & une once de cire vierge : vous les mettrez fondre ensemble & étant fondus vous y jetterez les grains d'une grape de raisin noir : vous ferez boüillir le tout un quart d'heure, pendant ce temps vous écraserez les grains de raisin avec une cuillere, ensuite vous passerez vôtre Pommade par un linge allez fin, afin de retirer le raisin : vous remettrez vôtre Pommade sur le feu & vous y verserez deux cuillerées d'eau de fleurs d'Orange, & vous la ferez encore bouillir un bouillon, puis vous écraserez dans une écuelle gros comme une feve d'Orcanet, que vous délayerez avec un peu d'eau de fleurs d'Orange & le verserez dans vôtre Pommade, & la mêlerez bien avec la cueillere, & la retirerez du feu, & elle sera faite ; & lors qu'elle sera refroidie, vous la mettrez dans des pots ou boîtes.

Cette Pommade ce garde deux ans toûjours bonne, & est tres-souveraine

pour guérir les lévres fenduës & jarfées
& elle eft d'une tres belle couleur.

§. I. *Pâte d'Amande liquide pour la-*
ver les mains fans eau.

VOus prendrez une livre d'Amande amere que vous pélerez à l'eau
chaude , & vous les laifferez feicher,
puis vous les pilerez dans le mortier
de marbre affez long-temps , afin qu'il
n'y refte point de grumelots;& vous y
verferez un peu du lait , afin de les
lier en pâte , & les mettrez à part.

Vous pilerez enfuite de la mie de
pain tout du plus blanc , la groffeur
d'un pain d'un fols , avec un peu de lait
affez longs-temps pour la bien reduire
en pâte : vous mettrez enfuite dans le
mortier la pâte d'Amande avec celle de
pain, & y ajoûterez dix jaunes d'œufs,
defquels vous aurez ôtez les germes ,
& vous pilerez bien le tout enfemble
y verfant peu à peu de lait en remuant
toûjours & délayant la pâte : vous y
mettrez ainfi trois chopines de lait ,
vous verferez le tout dans un chaudron & le mettrez fur le feu la faifant
bien boüillir. Vous ne cefferez de la
remuer ou tourner avec une cuïllere

jufqu'à ce qu'elle foit cuite. Elle ne
fera guere moins d'une heure à cuire
& vous connoîtrez la cuiffon en ce
qu'elle s'épaiffira.

§. II. *Opiate en poudre pour nettoyer*
les dents.

VOus prendrez une demi livre de
brique que vous pilerez au mortier & la paffèrez bien fine par le Tamis, & la mettrez à part, quatre onces de porcelaines que vous mettrez
en poudre de la même maniere que la
brique, une once de corail que vous
pilerez & mettrez auffi en poudre :
vous mêlerez vos trois poudres enfemble ; vous y verferez enfuite un filet d'effence de Canelle, autant de celle
de Gerofle & mêlerez bien le tout enfemble, & fera fait.

Autre maniere.

PRenez une demi livre de brique,
quatre onces de porcelaines, &
demi once de canelle, & pilé le tout
enfemble & le paffé au Tamis bien fin,
jufqu'à la confommation du tout ou
à peu prés, & fera fait.

Autre maniere.

UNe demi livre de brique, quatre
onces de porcelaines, une once de

Corail, deux gros de Canelle, un gros
de clou de Gerofle, deux gros d'Alun
calciné, demi once de croûte de pain
brûlé, une once de Conserve de Rose:
vous pilerez le tout ensemble, & le
passerez au Tamis bien fin, & sera
fait.

Opiat liquide.

POur faire l'Opiat liquide il se faut
servir de Sirop de griottes, parce
qu'il ne se desseiche pas : vous mettrez donc du Sirop de griottes la quantité que vous voudrez dans un pot de
fayence, & vous mettrez dans ce Sirop
à discretion de l'Opiat en poudre, de
celuy que vous voudrez, & le mêlerez bien avec une spatule, & s'il vous
semble trop liquide vous augmenterez
la poudre, que s'il vous paroît trop
épais vous y ajoûterez du Sirop, &
étant bien mêlé, sera fait.

Lors que vous voudrez vous en servir vous en mettrez dans un petit pot
de fayence, & vous y ajoûterez si vous
voulez un petit filet d'essence d'Ambre, ou de Gerofle, ou de Canelle, &
il sera d'une odeur & d'un goût fort
agreable.

TRAITÉ

TRAITE'

DES PARFUMS BONS
pour la bouche.

Essence d'Ambre.

Ous mettrez dans une bouteille de gros verre une chopine d'esprit de vin tout du meilleur, vous pilerez ensuite dans le petit mortier un gros d'Ambre gris ou noir, & le mettrez dans l'esprit de vin : vous y mettrez aussi un demi gros de vessie de Musc coupé bien menu, ensuite bouchés bien la bouteille & la mettrez au Soleil posée sur du sable dans les chaleurs de l'Eté, & pendant quinze jours vous remuerez bien la bouteille deux ou trois fois par jour, dans le temps que le Soleil donnera dessus, afin que l'Ambre ne s'attache pas au fonds,

L'

mais au contraire qu'il se fonde & qu'il repande son odeur dans l'esprit de vin : vous aurez soin de retirer la bouteille de la pluïe & le sable aussi sur lequel elle sera posée, car le sable étant échaufé aide beaucoup à cuire les compositions que l'on expose au Soleil ; vous observerez aussi de laisser au moins trois doigts de vüide à la bouteille, pour éviter qu'elle ne casse par la force de l'esprit de vin, & au bout d'un mois vous la retirerez, & sera faite. On choisit ordinairement le temps de la canicule pour faire cette Essence.

Si vous en voulés moins faire, vous pouvés diminuer ce qui la compose par moitié ; ou par quart, ou huitiéme partie, & pour l'augmentation de même.

Essence d'Hypocras.

VOus mettrez une demi chopine d'esprit de vin dans une bouteille de gros verre, ensuite vous y mettrez une demi once de clou de Gerofle concassé, une once de Canelle concassée, un gros de Gingembre concassé, &

une bonne pincée de Coriante con-
caſſée auſſi , enſuite pilé dans le petit
mortier trois ou quatre grains d'Ambre gris ou noir , & les mettrez dans
la bouteille ; bouché la bien & l'expo-
ſé au Soleil poſée ſur du ſable dans les
chaleurs de l'Eté pendant un mois ,
vous aurez ſoin de la retirer de la pluïe,
& vous laiſſerez au moins deux doigts
de vuide à la bouteille pour éviter
qu'elle ne caſſe , & au bout du temps
vous la retirerez pour vous en ſervir
au beſoin.

Cachou Ambré pour la bouche.

V Ous pilerez quatre onces de Cachou & dix grains de Muſc enſemble dans le petit mortier & les paſſerez au Tamis de crain , repilant ce
qui ne ſera pas paſſé & le repaſſant juſqu'à la conſommation du tout : vous
ferez enſuite chaufer le cul du petit
mortier & le bout de ſon pilon , &
délayerez par la chaleur dudit mortier
dix-huit grains d'Ambre gris , y ajoûtant un filet d'eſſence d'Ambre & gros
comme une groſſe noix de gomme
Adragant, qui aura été détrempée avec

de l'eau de fleurs d'Orange, & délayant
ainsi le tout ensemble, vous y mettrez
peu à peu vôtre poudre de Cachou,
vous la mêlerez allez longs-temps &
la pilerez bien, afin que l'Ambre soit
mêlé par tout : & la pâte étant bien
faite vous le formerez promptement.

Pour le former vous en prendrez un
morceau gros comme une noix dans la
main, & le ferez pointu par le bout
& vous en prendrez une petite miette
à la fois, que vous tordrés avec deux
doigts, & enfin vous le rendrez comme de petites crottes de souris,& pour
empêcher qu'il ne s'attache à vos
doigts en le formant, vous les frote-
rés un peu avec de l'essence de fleurs
d'Orange.

Pastilles de bouche parfumée.

VOus prendrés une livre de sucre
Royal que vous pilerés dans le
petit mortier avec douze grains de
Musc, & ensuite vous le passerés au
Tamis de crain, & vous repilerés ce
qui sera resté, & vous le repasserés
jusqu'à ce que le tout soit passé &
consommé ; puis vous ferés détremper

dans de l'eau de fleurs d'Orange une
petite poignée de gomme Adragant du
jour au lendemain, & la passerés de
force au travers d'un linge qui ne sera
ny trop gros ny trop fin. Vous mettrés ensuite vôtre gomme dans vôtre
sucre en poudre y ajoûtant deux gros
d'essence d'Ambre, & manierés bien le
tout ensemble pour former la pâte.
Vous l'aplatirés avec un rouleau &
taillerés vos Pastilles à vôtre gré, &
à mesures qu'elles seront taillées vous
les mettrés seicher sur du papier à l'air.
Si c'est l'Eté vous les couvrirés d'un
autre papier de peur des Mouches, &
ne les serrés pas qu'elles ne soient bien
seiches.

Les moûles dont l'on se sert pour
tailler les Pastilles sont de fer blanc ;
ils sont faits comme si c'étoit un cor-
net ou étuy à mettre le doigt ; de sorte
qu'appuyant par un bout sur la pâte
qui est mince, en tournant le moûle
la Pastille demeure dedans & en souf-
flant par l'autre bout elle sort du
moûle.

Hypocras excellent & parfumé.

PRenez une demi livre de sucre &
le caſſés ou le raſpés & le mettés
dans un baſſin, enſuite verſés ſur ledit
ſucre une pinte de vin ; le plus vieil &
le plus foncé en couleur eſt le meilleur,
remués doucement vôtre ſucre avec
une cueillere pour le faire fondre, &
étant fondu paſſé vôtre vin par la
chauſe cinq ou ſix fois, étant clarifié
verſez-y un petit filet d'eſſence d'Hypocras & le remués avec la cueillere.
Goûté s'il eſt aſſez fort, & s'il ne l'eſt
pas, verſez-y encore quelque larmes
de vôtre eſſence, & ſera fait. Vous le
verſerés promptement dans une bouteille qui ſera bouchée à l'inſtant, afin
qu'il ne s'évante pas. La maniere en eſt
prompte, & il eſt meilleur que l'on ne
le peut faire par infuſion.

Roſſoly ou liqueur parfumée.

VOus mettrés dans une baſſine de
cuivre rouge ſur le feu deux pintes d'eau, & deux livres de ſucre que
vous ferés bouillir juſqu'à la diminution d'un quart. Enſuite vous y verſe-

rés deux cueillerées d'eau de fleurs
d'Orange, & ayant encore bouilli un
moment vous y jetterés un blanc d'œuf
avec la coquille, que vous aurés auparavant rompuë & foüettée avec un
brin de verge : vous remuerés bien le
blanc d'œuf dans vôtre liqueur avec le
brin de verge, & lors qu'elle commencera à bouillir vous la tirerés du
feu & la passerés par la chause plusieurs fois : & étant clarifié vous y
verserés de bonne eau de vie à discretion selon la force que vous luy voudrés donner. Puis vous y verserés de
l'essence d'Ambre selon vôtre goût,
plus ou moins, ou bien de l'essence
d'Hypocras, & sera faite.

Autre liqueur parfumée.

FAites fondre une livre de sucre dans
une pinte de vin vieil comme si
vous vouliez faire de l'Hypocras, &
le passés par la chause plusieurs fois.
Ensuite versez y de bonne eau de vie
à discretion selon la force que vous
luy voudrez donner. Puis y versez de
l'essence d'Hypocras ou de l'essence
d'Ambre à discretion selon vôtre goût,
& sera fait.

TRAITE'

DES EAUX DE SENTEURS.

Eau d'Ange boüillie.

DAns un coquemart de terre où vous aurez mis trois pintes d'eau, vous y mettrez une livre de Benjoin concaſſé, une demi livre de Storax concaſſé, une once de Canelle pilée, demi once de clou de Gerofle pilé, deux Citrons coupés en quatre, deux ou trois morceaux de Calamus. Enſuite vous mettrez le coquemart auprés du feu, & le couvrirés & le ferés bouillir juſqu'à la diminution d'un quart : puis vous verſerés l'eau dans un baſſin & la laiſſerés refroidir avant de la ſerrer dans des bouteilles.

Si vous avez beſoin de plus grande

quantité de cette eau, remplissés le coquemart comme la premiere fois, &
la faites encore boüillir de même, cette
seconde eau sera presque aussi bonne
que la premiere & vous les pourrés
mêler ensemble.

Ensuite vous retirerés le Mart qui
sera au fonds du coquemart avant que
d'être refroidy & le mettrés seicher,
vous en ferés ensuite des Pastilles comme vous verrés dans les articles sui-
vans ou vous vous en servirés dans les
compositions où il en est necessaire,
ainsi que je l'ay dit dans le traité des
Savonettes.

Autre maniere.

VOus mettrés dans le Coquemart
trois chopines d'eau de fleur
d'Orange & trois chopines d'eau de
Rozes : vous y mettrés ensuite les
mêmes drogues & la même quantité
qu'à l'eau d'Ange précedente, à la
reserve du Citron qu'il ne faut pas :
vous y ajouterés de plus une vessie de
Musc, vous la ferés cuire de la même
maniere, & aprés avoir tiré l'eau vous
tirerés le mart, & le mettrés seicher

E 5

pour en faire des Paſtilles à brûler.

Eau de mille Fleurs.

VOus mettrés dans une bouteille de verre une pinte de bonne eau d'Ange : vous pilerés enſuite douze grains de Muſc dans le petit mortier & le delayerés avec un peu de cette eau d'Ange, & verſerés le tout dans la bouteille que vous boucherés bien & que vous reſerverés pour le beſoin.

Vous pourrez au lieu de Muſc y mettre un gros de veſſie de Muſc coupée par petits morceaux & ſera bonne.

Eau d'Ange diſtilée au bain marie.

IL faut avoir un Alambic de verre, qui eſt de trois pieces ; ſçavoir la bombe, le chapiteau, & le matras ; il faut auſſi un fourneau pour y faire du feu de charbon & un chaudron ou autre vaiſſeau ſemblable aſſez profond pour mettre l'eau & l'Alambic : vous colerez du papier double au tour de la bombe, à l'endroit ou poſe le chapiteau, & vous poſerez le matras au bout de la canulle pour recevoir la diſtillation.

Vous mettrez dans la bombe une pinte d'eau, vous y mettrez ensuite quatre onces de Benjoin concassé, deux onces de Storax concassé, demi once de Canelle pilée, deux gros de clou de Gerofle pilé, un morceau de Calamus, un gros de vessie de Musc, & l'eau qui se distillera sera tres odoriferante & bien claire ; & le mart qui restera aprés la distillation faite sera mis à l'air pour seicher, & on le pourra employer parmi les Pastilles à brûler.

Eau d'œillet.

VOus mettrez dans l'Alambic de verre au bain marie comme dessus une pinte d'eau & deux onces de clou de Gerofle concassé ; & l'eau qui se distillera sera d'une odeur bien agreable, parce que la force du clou de Gerofle étant adoucie au moyen de l'eau, tire plus sur l'œillet que sur le Gerofle.

Eau de Canelle.

VOus mettrez dans l'Alambic de
verre comme deſſus une pinte
d'eau & deux onces de Canelle con-
caſſée, & l'eau qui ſe diſtillera en aura
l'odeur bien naturelle.

Eau de Tain.

VOus mettrez comme deſſus une
pinte d'eau dans l'Alambic de
verre avec deux poignées de Tain, &
l'eau qui ſe diſtillera en aura l'odeur.

Toutes les herbes Aromatiques ſe
peuvent diſtiller de la même maniere.
Comme ce ſont des herbes fortes qui
gardent leurs odeurs auſſi bien étant
ſeiches que vertes, il eſt aiſé par la
maniere cy-deſſus écrite d'en tirer de
l'eau.

Eau de fleurs d'Orange diſtillée au re-frigeratoire.

VOus mettrez infuſer deux livres
de fleurs d'Oranges dans deux
pintes d'eau l'eſpace de trois heures ;

enfuite vous mettrez le tout dans l'A-
lambic & ferez grand feu deſſous, &
vous mettrez un matras ou bouteille
à longs goulot pour recevoir l'eau qui
ſe diſtillera de la canulle, vous aurez
ſoin de fournir d'eau fraîche dans le
refrigeratoire, & auſſi-tôt qu'elle ſera
chaude de la renouveller, car c'eſt la
fraîcheur d'enhaut qui attire la diſtillation, & qui empêche que l'eau ne
ſente le feu & pour empêcher qu'elle
ne ſente le fruit, il faut que vos fleurs
ſoient fraîchement ceueillies & ſoient
bien ſeiches, & lors que vôtre eau
ſera tirée vous vous en apercevrez à
ce que la diſtillation finira, & qu'elle
commencera à ſentir le brûlé, & pour
en tirer l'eſſence voyez les Articles des
Eſſences fortes.

Si vous voulez que vôtre eau ſoit
plus forte d'odeur, il ne s'agit que de
mettre ſi peu d'eau que vous voudrez,
car moins vous en mettrez & plus elle
ſera forte, mais il faudra pour éviter
que les fleurs ne s'attachent au fonds,
mettre du ſable au fonds de l'Alambic
& faire moins de feu.

'Autre maniere.

VOus mettrez infuser deux livres de fleurs d'Orange seiches dans deux pintes d'eau pendant trois ou quatre heures : ensuite vous mettrez le tout dans l'Alambic & le ferez distiller comme il est expliqué au precedent Article, l'eau qui en provient est propre à bien des choses, car elle est bonne pour employer dans les Savonettes, dans l'eau d'Ange, à purger le Tabac, & toutes sortes de Peaux & Gands.

Eau de Roze.

VOus ferez infuser trois livres de Rozes dans deux pintes d'eau pendant deux ou trois heures, ensuite vous les mettrez distiller dans l'Alambic tout comme les fleurs d'Oranges fraîches, & vous y observerez toutes les mêmes circonstances : car l'une se fait comme l'autre, & on peut diminuer l'eau si on veut la faire plus forte mais comme l'eau de Rozes s'employe dans la purgation du Tabac par quantité, aussi bien que l'eau de fleurs d'O-

range, il est necessaire d'en tirer suffisamment quand c'est pour cet usage :
Lors que ce sera pour l'employer autrement, vous la ferés si forte que
vous voudrés ainsi que je l'ay dit cy-
devant.

Eau de la Reine d'Hongrie.

VOus mettrés dans une bouteille
de verre fort, deux pintes d'esprit de vin , deux bonnes poignées de
feuilles de Romarin, une poignée de
Tain, une demi poignée de Marjolaine de laquelle vous ne prendrés que la
feuille, & autant de Sauge que de
Marjolaine, bouchés bien la bouteille,
& la mettés au Soleil l'espace d'un mois.
Ensuite vous delayerés gros comme
une féve d'Orcanet avec un peu d'esprit de vin en l'écrasant & le verserés
dans vôtre bouteille & la remettrés
cinq ou six jours au Soleil, & sera
faite. Elle sera d'un beau rouge & aura beaucoup de vertu & sera d'une
bonne odeur.

*§. I. Maniere de faire les Pastilles
à bruler.*

Pastilles communes.

VOus mettrés dans le mortier une
livre de Benjoin commun, demi
once de clou de Gerofle, deux gros
de Canelle, un morceau de Calamus,
vous pilerés le tout ensemble & le
passerés au Tamis de crin: ensuite vous
ferés détremper de la gomme Adragant avec de l'eau commune : & vous
mettrés dans le mortier la poudre que
vous aurez passé avec une écuellée de
cette gomme & vous les mêlerez &
pilerez ensemble pour former la pâte.
Si vous trouvés que vôtre pâte soit
trop molle, vous y remettrez de la
poudre ; ainsi la pâte est aisée à faire.
Il ne s'agit aprés que d'applatir vôtre
pâte avec un rouleau, & de tailler
vos Pastilles avec le moûle, ainsi que
j'ay dit dans l'Article des Pastilles de
bouche & les mettrez seicher, & seront faites.

Pastilles

Pastilles de Rozes & Oiselets.

VOus pilerez & passerez au Tamis
de crin une livre de mart d'eau
d'Ange, de celuy qui sera sorti de
l'eau d'Ange du premier Article des
Eaux ; & du quel vous ôterez les Citrons, & étant reduit en poudre vous
le mettrez dans le mortier, y ajoûtant
une poignée de feüilles de Rozes fraîches ceueillie, & une écuellée de gomme Adragant détrempée avec de l'eau
de Rozes, vous pilerez le tout ensemble assez longs-temps pour bien former la pâte, vous l'applatirez avec un
rouleau & la couperez avec un couteau par tablettes comme vous voudrez.

Pour en faire des Oiselets vous en
prendrez des morceaux que vous rou-
lerez dans les mains comme un bout
de bougie, longs comme le doigt,
auquel vous ferez un bout un peu
large pour le faire tenir debout : &
les mettrez seicher. Ces sortes de Pastilles s'allument comme une Chandelle
& brûlent jusqu'à la fin sans s'éteindre

& produiſent une fumée d'une trés
bonne odeur.

Paſtilles d'Eſpagne.

VOus pilerez & mettrez en poudre, paſſée au Tamis de crin le
mart de l'eau d'Ange, du ſecond Article de l'eau d'Ange, & vous ferez détremper de la gomme Adragant avec
de l'eau de fleurs d'Orange, & vous
en ferez une pâte dans le mortier avec
vôtre poudre, vous taillerez enſuite
vos Paſtilles avec les moûles & les mettrez ſeicher, & ſeront faites.

Autre maniere.

VOus mettrez dans le mortier une
livre de Benjoin, demi livre de
Storax bien ſec, demi once de Canelle,
deux gros de Gerofle, deux onces de
Rozes de provin, & un morceau de
Calamus, vous pilerez le tout enſemble & le paſſerez au Tamis de crin,
juſqu'à ce que le tout ſoit conſommé,
vous ferez enſuite détremper de la
gomme Adragant avec de l'eau de
Mille-fleurs & de l'eau de fleurs d'O-
range, autant de l'une que de l'autre,

puis vous ferez vôtre pâte dans le
mortier avec vôtre poudre & vôtre
gomme comme à l'ordinaire, puis vous
les taillerez à vôtre gré & les mettrez
seicher, & seront faites.

Pastilles de Portugal.

VOus pilerez & passerez au Tamis
de crin une livre du meilleur
mart. d'eau d'Ange que vous ayez ; ensuite faites détremper de la gomme
Adragant avec de l'eau de fleurs d'O-
range: & faites vôtre pâte dans le mortier avec vôtre poudre & vôtre gomme comme à l'ordinaire, à l'exception
qu'il faut faire vôtre pâte un peu plus
ferme.

Vous ferez ensuite chaufer le cul du
petit mortier & le bout de son pilon,
& faites fondre par sa chaleur vingt
grains d'Ambre, il n'importe du quel
& y ajoûterez un filet d'eau de Mille-
fleurs pour le dilayer, vous augmenterez cette eau jusqu'à la quantité d'un
demi verre, ensuite vous mettrez vôtre mortier sur un rechaut de feu, &
vôtre composition étant chaude vous
la verserez sur vôtre pâte & la mêlerez:

bien , ...era faite ; vous taillerez vos Paſtilles avec les moûles comme à l'ordinaire & les mettrez ſeicher.

Maniere de détremper la gomme pour faire les pâtes des Paſtilles.

VOus mettrez détremper vôtre gomme en telle eau que vous voudrez , mais il faut que l'eau ne la ſurpaſſe que de la hauteur d'un travers de doigt , parce qu'il ne la faut pas noyer tout d'un coup , & lors qu'elle aura beu l'eau vous en ajoûterez encore , & ainſi peu à peu juſqu'à ce qu'elle ſoit détrempée , non pas trop liquide , mais ſeulement bien molette & bien détrempée , & vous. vous en ſervirez.

§. II. *Maniere de faire les Pâtes parfumées pour Chapelets & Medailles.*

PRenez de la poudre fine à la Maréchalle & en faites une Pâte avec de la gomme Adragant & Arabic détrempée avec de l'eau de Mille-fleurs , & ſi vôtre pâte ſe trouvoit trop molle , vous y ajoûterez de la poudre , & ſi elle ſe trouvoit trop ferme , ou qu'elle ne se peut lier vous y mettrez de la gomme, il ny va que du plus ou du moins de l'un ou de l'autre ; il faut un peu frotter les moûles avec de l'essence de fleurs, afin que la pâte ne s'y attache pas : cette pâte est couleur de caffé.

Autre maniere.

VOus prendrez du Parfum à parfumer les autres poudres, & vous en ferez une pâte avec de la gomme qui aura été détrempée avec de l'eau de fleurs d'Orange, dans laquelle vous aurez mis un filet d'essence d'Ambre ; cette pâte sera blanche, & en y ajoûtant du vermillon vous la ferez si rouge que vous voudrez, & pour la faire jaune ou blonde, il y faut ajoûter de l'Ocre jaune passé bien fin.

Autre maniere.

PRenés moitié poudre de Cipre parfumée & moitié poudre de Franchipanne, & en faites une pâte avec de la gomme détrempée avec de l'eau de Mille-fleurs : cette pâte est grize & d'une agreable odeur.

Autre maniere.

PRenez de la poudre fine à la Maréchalle, & la moitié d'autant de
mirre d'eau d'Ange passé bien fin & en
faite une pâte avec de la gomme détrempée en l'eau de Mille-fleurs : cette
pâte sera bonne.

Autre maniere.

PRenez de la poudre de Cipre parfumée, de la poudre de Franchipanne, & du Parfum à parfumer les
autres poudres, autant de l'une que
de l'autre : & en faite une pâte avec de
la gomme détrempée avec de l'eau de
fleurs d'Orange, dans laquelle vous
aurez versé un filet d'essence d'Ambre.
Cette pâte sera d'un gris cendré fort
beau, & d'une odeur douce & agreable.

Il sera aisé de rendre toute ces sortes de pâtes, d'aussi bonnes & aussi
fortes odeurs que l'on voudra, en augmentant l'Ambre, le Musc, & la
Civette, soit dans les poudres, ou
dans les eaux avec lesquelles on détrempe la gomme.

Maniere d'apprester la gomme pour les pâtes cy-dessus.

IL faut détremper la gomme Adragant, de la même maniere qu'il est
expliqué à l'Article qui precede les
pâtes cy-dessus, & ajoûter sur une
écuellée de cette gomme, un demi
verre d'eau de gomme Arabic assez
épaisse, & les mêler ensemble, &
vous en servir pour faire vos pâtes.

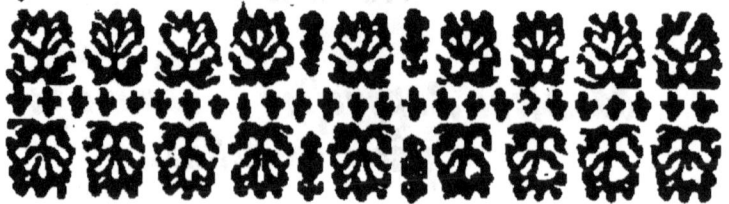

TRAITE'

DES GROSSES POUDRES.
à la Maréchalle & de tou-
tes les manieres de
s'en fervir.

Groffe Poudre à la Maréchalle.

Ous prendrez une livre d'Iris,
douze onces de fleurs d'Orange
feiches, quatre onces de Coriante,
demi livre de Roze de provin, deux
onces de mart d'eau d'Ange, une once
de Calamus, deux onces de Souchet,
demi once de clou de Gerofle, vous
concafferez bien toutes fes drogues
dans le mortier l'une aprés l'autre, &
enfuite vous les mêlerez fi bien enfemble qu'il n'y ait pas plus d'une
drogue à un endroit qu'à l'autre, &
fera faite.

Autre

Autre maniere.

VOus prendrez douze onces d'Iris,
demi livre de fleurs d'Orange
seiche, quatre onces de Rozes de provin, quatre onces de bois de Rozes,
une once de Benjoin, une demi once
de Storax, demi once d'écorce de Citron seiche, demi once d'écorce d'O-
range seiche, demi once de Marjolaine
seiche, une once de Souchet, demi
once de Calamus, deux gros de Canelle, demi once de clou de Gerofle,
deux onces de bois de Sendal Citrain.
Vous concasserez toutes ses drogues
l'une aprés l'autre dans le mortier,
puis vous les mêlerez bien ensemble,
& sera faite.

Autre maniere.

VOus prendrez une livre d'Iris,
demi livre de fleurs d'Orange seiche, quatre onces de Rozes de provin, deux onces de bois de Sendal
Citrain, une once d'écorce de Citron
seiche, demi once d'écorce d'Orange
seiche, demi once de Marjolaine,
demi once de Lavande seiche, une

G

once de Calamus, deux onces de Souchet, une once de Benjoin, demi once
de Storax, demi once de Labdanum.
Vous concasserez toutes ses drogues
dans le mortier l'une après l'autre, &
ensuite vous les mêlerez bien ensemble, & sera faite. On peut ajoûter si
l'on veut dans toutes ses poudres des
bois de senteurs.

Pot pourri pour faire des Sachets.

VOus prendrez douze onces de
Rozes communes éfeüillées, une
livre & demi de Lavande de laquelle
vous ne prendrez que la graine, douze
onces de Marjolaine de laquelle vous
ne prendrez que les feüilles, six onces
de Tain du quel vo   prendrez aussi les
feüilles, quatre onces de feüilles de
Mirthe, quatre onces de Melilot du
quel vous prendrez aussi les feüilles,
une once de feüilles de Romarin, une
once de feüille de Laurier, deux onces
de clou de Gerofle à moitié pilé, une
livre de feüille de Rozes muscades, le
plus de fleurs d'Orange que vous pourrez, des feüilles d'œillets de même

quantité que de fleurs d'Orange, vous
mettrez le tout dans un pot faisant une
couche de fleurs & une couche de sel,
vous ferez ainsi, jusqu'à ce que le pot
soit rempli de tout ce qui est cy-dessus
nommé ; vous le boucherez bien & le
remuerez avec un bâton de deux jours
l'un, le mettant pendant la chaleur de
l'Eté au Soleil ; il faut avoir soin de le
retirer de la pluye & du serain, & au
bout d'un an on en fait des Sachets,
y ajoûtant à discretion de la poudre de
Cipre parfumée.

Boutons de Rozes.

VOus prendrez telle quantité de
boutons de Rozes que vous voudrez, les plus fermez, vous arrache-
cherez les boutons verts, & vous mettrez à la place de chacun un clou de
Gerofle, & les mettrez seicher au Soleil entre deux papiers, ils seront propres à mettre dans les Sachets & dans
les poudres dont ils sont composez.

Vous pouvé aussi les exposer au
Soleil dans un vaisseau de terre couvert de papier & les arrouser les pre-

miers jours de bonne eau d'Ange, &
étant secs vous vous en servirez comme dessus.

Fleurs d'Oranges seiche.

VOus mettrez la quantité que vous
voudrez de fleurs d'Orange seicher au Soleil entre deux papiers bien
clos tout au tour, & étant seiches les
garder pour vous en servir au besoin.

Sachets de senteurs.

VOus prendrés telle étoffe de Soye
qu'il vous plaira Taffetas ou autre, & vous ferez vos Sachets de la
largeur de demi tiers en quarré, &
vous les coudrez tout au tour à la reserve d'environ quatre doigts par ou
vous ferez entrer douze onces ou environ de grosse poudre à la Maréchalle,
telle que vous la voudrez choisir, &
vous acheverez de coudre vos Sachets, & seront fait.

Lors qu'au bout d'un temps l'odeur
de vos Sachets sera diminuée, tirez en
la poudre & faite la piler dans le mor-

tier & la remettés dans vos Sachets,
& elle aura l'odeur comme la premiere
fois.

Autre maniere.

VOus taillerez vôtre étoffe comme cy-deſſus, & ſur la moitié de
laditte étoffe vous ſemerez de la groſſe
poudre à la Maréchalle, puis vous y
mettrez deſſus un lit de cotton parfumé épais d'un pouce, & vous jetterez
ſur le cotton de la même poudre, vous
renverſerez enſuitte l'autre moitié
d'étoffe par deſſus le tout, & le coudrez tout au tour ſans le remuër, puis
vous le piquerés en matelats, & ſera
fait. Vous pourrés orner les quatre
coins avec des houpes ou des faveurs.

Sachets pour porter ſur ſoy.

VOus prendrés de l'étoffe de Soye
un peu jolie, & vous ferés vos
Sachets de la grandeur de quatre
doigts, un peu plus longs que larges,
vous frotterés enſuite l'envers de l'é-
toffe avec un peu de Civette aſſez lé-

gerement, puis vous les remplirez de
grosse poudre à la Maréchalle, celle
que vous voudrez choisir, à laquelle
vous ajoûterez un peu de clou de Gerofle & un peu de bois de Sendal Citrain bien pilés, parce que cela re-
veille bien l'odeur & la change. Vos
Sachets étant remplis vous acheverés
de les coudre & les ornerés tout au
tour de faveurs par bouillons d'une
couleur convenable à l'étoffe, & seront faits.

Autre maniere.

VOus ferés vos Sachets de la grandeur de quatre doigts, & de si
belle étoffe que vous voudrez, & auparavant que de les remplir vous ferez
la composition suivante.

Vous broyerez dans le petit mortier
huit grains de Musc, y ajoûtant un
petit filet d'eau de Mille-fleurs : vous y
ajoûterez ensuite quatre grains de Civette, que vous broyerez avec le
Musc, vous y verserez aussi un filet
de baume du Perou ; & une cuillerée
d'eau de Mille-fleurs, & ayant bien
mêlé le tout ensemble avec le pilon

vous en frotterez légerement l'envers
de vos Sachets, puis vous les emplirez
de la composition du pot pourri & de
poudre de Cipre parfumée mêlés ensemble, & acheverez de clore vos
Sachets, vous les ornerez tout au
tour de faveur comme les precedents.

Autre maniere.

VOus prendrez toute la plus belle
étoffe que vous aurez, & vous
ferez vos Sachets un peu plus grands
que les precedens, & lors qu'ils feront prêts à emplir vous ferez la composition suivante.

Vous ferez chaufer le cul du petit
mortier & vous ferez fondre par sa
chaleur huit grains d'Ambre : étant
fondus vous y mêlerez quatre grains
de Civette en broyant avec le pilon :
puis vous y verserez peu à peu deux
cueillerée d'eau de Mille-fleurs dans
laquelle vous aurez auparavant fait
détremper gros comme un pois de
gomme Arabic ; vous frotterez legerement l'envers de vos Sachets de cette
composition, puis vous les emplirez

de poudre de Cipre & de Franchipanne parfumée, autant de l'une que de l'autre, dans lesquelles vous aurez mis plusieurs petits morceaux de vessie de Musc, & finirez vos Sachets, vous les ornerez de faveurs comme les precedents, & seront fait.

Manne d'Ozier parfumée pour mettre les habits des Dames.

VOus prendrez une manne d'Ozier fin de la grandeur que vous voudrez, vous prendrez ensuite du Taffetas ce que vous jugerez qu'il en faut pour la garnir, vous étendrez vôtre Taffetas sur un Métier à broder, & vous mettrez sur le Taffetas un lit de Cotton parfumé épais de deux écus : puis vous jetterez sur ce Cotton de la grosse poudre à la Maréchalle bien également, ajoûtant par dessus cette poudre un peu de bois de Sendal Citrain bien pilé, puis vous coûvrirez le tout d'un autre Taffetas & vous le piquerez ensuite par petits carreaux ; ce qui étant fait, vous taillerez vôtre étoffe de la grandeur du fonds de vôtre manne & des côtes auffi bien que du couvercle, & vous borderez toutes les coupures avec un galon de Soye de la couleur de l'Etoffe. Toutes les parties étant jointes enfemble vous les mettrez dans la manne & les y coudrez à plufieurs endroits, & fera faite.

Poches parfumées pour les Dames.

LA même Etoffe compofition & piqures cy-deffûs fert pour faire les Poches parfumées. Il ne s'agit que de tailler l'étoffe en forme de poche, border les coupures avec du galon, & elles feront faites.

Boîtes à Perruque parfumées.

VOus ferez faire la boîte à Perruque d'un bois de l'épaiffeur d'un écus, longue d'une demi aulne ou environ, ronde par les bouts & étroite à proportion d'une Perruque. Enfuite pour faire la garniture vous étendrez fur un Métier à Broder un morceau de Taffetas & fur ce Taffetas un lit de Cotton parfumé, d'une bonne odeur, bien mince & bien égal, & fur ce

Cotton vous semerez de la meilleure poudre à la Maréchalle que vous ayez & dont les morceaux ne seront pas trop gros, & par dessus cette poudre vous y semerez un peu de bois de Sendal Citrain pilé bien menu, vous couvrirez ensuite le tout avec un morceau de Tabit du plus beau, qui aura été frotté par l'envers avec la composition suivante : vous piquerez vôtre étoffe par carreaux & taillée ensuite à proportion du fonds, du tour, & du dedans du couvercle de la boîte, & par aprés vous borderez les coupures avec du galon de Soye de la couleur du Tabit & en ferez garnir le dedans de vôtre boîte, tout le dehors de la boîte doit-être couvert de peau de senteur, & toutes les coupures & bordures de la peau doivent être couverts d'un galon d'or ou d'argent, & la serrure & la clef dorée.

Composition pour frotter l'envers du Tabit.

VOus ferez chaufer le cul du petit mortier & ferez fondre par sa chaleur dix grains d'Ambre en le se-

nuant avec le pilon y verfant un filet
d'eau de fleurs d'Orange, vous y ajoûterez fix grains de Civette, & ayant
bien mêlé le tout enfemble, vous y
verferés deux cueillerée d'eau de Mille-
fleurs dans laquelle vous aurez fait
détremper gros comme un pois de
gomme Arabic : le tout étant bien
mêlé vous en frotterez l'envers de vôtre Tabit bien légerement avec un petit morceau d'éponge, & fera fait.

Boîtes parfumées pour mettre le Linge.

LEs Boîtes pour le linge fe garnif-
fent & fe couvrent de la même
maniere, & du même Parfum que les
boîtes à perrupques ; il n'y a de difference que la façon de la boîte qui eft
faite en maniere d'un petit coffre, &
pour la grandeur on ne les fait d'ordinaire que d'une grandeur capable de
renfermer tout le menu linge d'un
jour ou deux d'une perfonne de qualité.

Toilette de senteur.

LEs Toilettes de senteur se font de deux manieres, la premiere est celle-cy qui ne differe en rien à la garniture des boîtes à Perruques, il faut assembler vôtre étoffe de la grandeur dont vous voulés la Toilette, & l'étendre sur un Métier à Broder, & la garnir d'un lit de Cotton parfumé & mettre la poudre par dessus : & couvrir le tout d'une étoffe telle que vous voudrez & la piquer. Si l'étoffe de laquelle vous faites le dessus n'étoit pas assez épaissé pour supporter la composition de laquelle vous la frottés, vous augmenterez cette composition avec de l'eau de Mille-fleurs & vous la ferez boire à une suffisante quantité de Cotton que vous laisserez en aprés seicher, puis vous en ferez un lit bien mince & bien égal par dessus la poudre que vous aurez mise, ou du moins vous en mettrez à plusieurs endroits : & vous couvrirez le tout de vôtre étoffe, & la piquerez de la maniere qu'il vous plaira, & sera faite.

Toilettes de senteur de Montpellier.

VOus prendrez de la Toille neuve
bien forte & peu ſerrée , & vous
la couperez de la grandeur que vous
voudrez faire vos Toilettes , & les
ferez tremper & bien laver dans pluſieurs eaux , puis les mettrez ſeicher ,
& étant ſeiches vous les mettrez tremper dans de l'eau d'Ange du jour au
lendemain & les remettrez ſeicher.
Vous aprêterez enſuite la compoſition
ſuivante.

Deux livres d'Iris , une livre de racine de Campanne , deux onces de
bois de Rozes , quatre onces de Sendal Citrain , une once de Calamus ,
deux onces de Souchet , demi once de
Canelle , deux gros de clou de Gerofle , & une demi once de Labdanum.
Vous mettrez toutes ces drogues en
poudre paſſée au Tamis de crin , l'une
aprés l'autre , & enſuite vous les mêlerez enſemble , & les mettrez dans le
mortier avec de la gomme Adragant
que vous aurez fait détremper avec de
l'eau d'Ange , il faut que la gomme
ſoit claire , & qu'il y ait beaucoup

d'eau afin que la pâte en soit claire ;
vous frotterez vos Toilles avec cette
pâte des deux côtez le plus fort que
vous pourrez , afin que la pâte penetre
& s'attache à la Toille : vous y laisserez tout ce qui si attachera , les ren-
dant les plus unies que vous pourrez;
& ensuite vous les mettrez seicher , &
lors qu'elles seront presque seiches ,
vous prendrez une éponge que vous
tremperez dans de l'eau d'Ange , &
vous en frotterez vos Toilles pour les
rendres unies : puis vous les mettrez
derechef seicher , & seront faites.

Il faudra lors qu'elles seront seiches
les plier dans les plis où vous voudrés
qu'elles demeurent. Ces sortes de Toilettes s'enferment entre deux étoffes
telle que l'on veut.

Autre composition de Toillettes.

LEs Toilles étant lavées & purgées
& seiches comme cy-devant, vous
ferez la composition suivantr.

Deux livres d'Iris , une livre de racine de Campanne , deux onces d'é-
corce de Citron seiche , une once d'é-
corce d'Orange seiche , une once de

clou de Gerófle , demi livre de Benjoin , quatre onces de Storax , deux
onces de Souchet , une once de Calamus , deux onces de Labdanum , toutes
ſes drogues ſeront miſes en poudre
paſſée au Tamis de crin , l'un aprés
l'autre , puis vous les mêlerez enſem-
blé & vous en ferés une pâte claire
comme à l'Article précedent , vous en
frotterez vos Toilles & les finirez de
même , & ſeront faites.

§. I. *Compoſition pour porter ſur ſoy.*

BRoyés dans le petit mortier gros
comme un pois de Benjoin , verſez-y un filet de Beaume du Perou ,
puis y ajoûtés quatre grains de Civette,
& ayant bien mêlé le tout avec le pilon
ramaſſé-le avec du cotton & le mettez
dans vôtre boîte ou gland.

Autre maniere.

FAites chaufer le petit mortier &
faite fondre à ſa chaleur quatre
grains d'Ambre , dilayé-le avec un filet d'eſſence d'Ambre , ajoûtés-y deux
grains de Civette , & l'ayant mêlé

ramaſſé-le tout avec du cotton & le mettez dans vôtre boîte ou gland.

Autre maniere.

Faite chaufer le petit mortier & faites fondre à ſa chaleur ſix grains d'Ambre , & le dilayés avec quatre goute d'eau de Mille-fleurs , ajoûtés-y quatre grains de Muſc, & les ayant broyez enſemble ramaſſés-le tout avec du cotton , que vous aurez frotté auparavant avec un grain de Civette, & le mettés dans vôtre boîte ou gland.

Autre maniere.

Broyés dans le mortier quatre grains de Muſc , & deux grains de Civette enſemble , ajoûtez-y quatre goutes de Baume du Perou , & ramaſſé-le tout avec un peu de cotton , & le mettez dans vôtre boîte ou gland.

Autre maniere.

Faités chaufer le petit mortier, & faite fondre à ſa chaleur douze grains d'Ambre , ajoûtés-y ſix grains de Civette, & quelques larmes d'eau de Mille-fleurs , enſuite prenés un peu

de

de cotton & l'arofés légerement de quelque goute d'effence de Gerofle & de Canelle, & ramaffés vôtre compofition avec ce cotton. Enfermés le tout dans une petite veffie de Mufc, & l'envelopés enfuite avec un morceau de peau de fenteur, & la coufés tout au tour : & fi vous voulés couvrir le tout de quelque étoffe propre vous le pouvés.

Autre maniere.

DANS les boîtes qui ont plufieurs étages on met differentes odeurs le plus fouvent fans mélange, par exemple, dans l'une on y met du Baume du Perou, dans un autre de la Civette avec du cotton, dans un autre de l'effence de Gerofle ou de Canelle avec du cotton, ainfi d'autres parfums fuivant qu'on les aime.

§. II. *Maniere de parfumer par la fumée.*

IL faut avoir un coffre de bois que l'on nomme parfumoir, il eft fait comme un autre coffre à la referve qu'il y a en bas une ouverture par la
H.

quelle on paſſe une ou deux petites
terraſſes de feu pour brûler les compoſitions avec leſquelles on veut parfumer, & lors que la compoſition ſe
brûle on ferme le coffre & ladite ouverture. Et à l'entrée du coffre environ demi pied avant, il y a une grille
de bois ou de fil de cuivre pour ſupor-
ter ce que l'on veut parfumer. On doit
avoir ſoin de remüer & changer de
côté ce que l'on parfume ; afin que
l'odeur ſoit égalle par tout & la fumée
des parfums ne gâte ny ne noircit pas
ce que l'on y met. Cette inſtruction
ſervira pour tout ce que l'on voudra
parfumer par la fumée.

Cotton parfumé.

METtez vôtre Cotton ſur la grille
étendu également, & mettez
brûler dans une terraſſe celles des
Paſtilles que vous voudrez & fermez le parfumoir : & il prendra l'o-
deur.

Autre maniere.

ALlumez cinq ou six oizelets au fonds du Parfumoir & les posez sur des carreaux afin qu'ils ne brûlent pas le bois, & fermés le parfumoir.

Autre maniere.

METtez dans une cassolette ou dans une écuelle d'argent de l'eau de Mille-fleurs sur une terrasse de feu, & lors que l'eau bouillira elle s'en ira en fumée & parfumera le cotton, ou brûlé de la même maniere de l'eau de fleurs d'Orange dans laquelle vous aurés versé un filet d'essence d'Ambre, & l'odeur en sera fort douce.

Pour parfumer une Chambre par la fumée.

LEs fenestres étant fermées allumez des oizelets & les posez aux coins de la Chambre proche les Tapisseries, ou faites chaufer la pelle du feu, & versés dessus de l'eau d'Ange, ou de

Mille-fleurs, ou de fleurs d'Orange, avec un filet d'essence d'Ambre, & les fumées donneront bonne odeur.

Autre maniere.

Mettez dans des cassolettes ou des écuelles d'argent les eaux de senteurs que vous voudrez & les posez sur des rechauts de feu, & lors que les eaux bouilliront la fumée qui en sortira donnera bonne odeur. On peut brûler aussi toutes sortes de Pastilles dans la cendre chaude.

TRAITE'

DES PEAUX ET GANDS
Parfumez.

Maniere de purger les Peaux d'Evan-
tails & les parfumer aux fleurs.

L faut couper les Peaux de
Cannepin un peu plus grandes
que l'on ne veut qu'elles demeurent,
à cause qu'il les faut piquer au tour
des moûles comme vous verrez cy-
aprés, ensuite vous les laverez dans
de l'eau commune tant de fois que l'eau
demeure nette, puis vous les laisserez tremper jusqu'au lendemain,
vous les exprimerez & les étendrez sur
des cordes, & étant seiches vous les
laverez dans de l'eau de fleurs d'Orange & les y laisserez tremper jusqu'au
lendemain que vous les tirerez de l'eau

sans les trop exprimer & les étendrez
derechef sur des cordes, vous aurez
soin de les détirer à mesure qu'elles
seicheront, parce qu'il faut qu'elles se
trouvent seiches & détirées en même
temps, car autrement on seroit en
danger de les déchirer ou de les gâter :
ensuite il faudra les colorer des couleurs que vous voudrez par les deux
côtez avec une éponge, puis les éten-
dres sur les moûles & les mettre seicher à l'air.

Les moûles à Evantails sont des
planchettes de l'épaisseur de deux écus,
taillée en évantails, qui ont des pointes d'éguilles tout au tour, par le
moyen desquels on étend l'évantail :
il faut prendre garde que le côté de la
chair soit toûjours en dehors.

Lors que vos Peaux d'Evantails seront seiches vous les chargerez de
composition, telle que vous voudrez
la choisir dans celles à charger gands
ou Peaux, du côté de la chair seulement, pendant qu'elles sont étenduës
sur les moûles, & étant seiches pour
lors vous les releverez pour leur donner les fleurs.

· Lors que vous aurez deſſein de parfumer ces peaux aux fleurs, il faudra
choiſir les compoſitions dans leſquelles
il y a le plus de Civette pour les charger. Si-non vous vous ſervirez des autres.

Vos Evantails étant preparé comme deſſus, vous vous ſervirez d'une
caiſſe dans laquelle vous mettrez un lit
de fleurs, & un lit de Peaux, continuant ainſi juſqu'à ce que toutes vos
peaux ſoient en fleurs ; ſi vous avez les
fleurs en abondance vous les renouvel-
lerez au bout de douze heures, ſi-non
le lendemain à pareille heure, & leurs
ayant donné les fleurs cinq ou ſix fois
elles ſeront faites. Il faut ſe ſervir de
fleurs d'Oranges, ſe ſont les meilleures à cet uſage.

Maniere de purger & parfumer toutes
ſortes de grandes Peaux.

VOus choiſirez des Peaux telles
que vous voudrés, ſoit de Cha-
mois, ou de Mouton, Agneaux, Che-
vreaux, ou de Chiens, qui n'ayent pas
été apreſtée avec des jaunes d'œufs

car d'ordinaire les peaux font apprê-
·tées ainſi pour les rendres moileuſes,
& cela eſt contraire au parfum ; il faut
auſſi qu'elles ſoient parées.

Il faudra tout ainſi qu'aux peaux
d'Evantails , les laver dans de l'eau
commune tant de fois que l'eau demeure nette , puis les laiſſer tremper
un jour , & les ayant retiré de l'eau les
bien exprimer & les mettre ſeicher ſur
des cordes , enſuite les bien frotter &
amolir , & les mettre en aprés tremper dans de l'eau de fleurs d'Orange
pendant vingt-quatre heures , puis les
retirer de l'eau ſans les trop exprimer
& les mettre ſeicher , & pour lors
étant ſeiches vous les frotterez & les
ouvrirez bien, puis vous les mettrés en
couleur de celle qu'il vous plaira choiſir à la fin de ce Traité , & étant colo-
rées vous les chargerés de telle compoſition que vous voudrés choiſir avant
que de leur donner les fleurs , ou bien
vous vous contenterés de les parfumer
aux fleurs ſeulement , de la maniere
qui ſuit.

Vos Peaux étant preparées comme
je viens de dire , vous prendrés une
caille

caisse grande à proportion de ce que
vous aurés de Peaux, & vous ferés un
lit de fleurs, & un lit de Peaux, continuant de même jusqu'à ce que vous
ayez tout employé. Vous laisserés vos
Peaux dans les fleurs pendant vingt
quatre heures, puis vous les retirerez
d'avec les fleurs & les étendrés sur des
cordes environ une heure, pour desse-
cher l'humidité que les fleurs leur
pourra avoir donné, ensuite vous les
frotterés & les ouvrirés bien & les remettrés en fleurs comme la premiere
fois, vous ferez ainsi pendant cinq ou
six jours, & seront faites.

Maniere de preparer & parfumer les Gands.

LOrs que les Peaux sont lavées &
purgées, comme il est enseigné
cy-devant, il faut faire tailler & coudre les Gands, & étant fait les colorer
de la couleur que l'on veut ainsi que
vous trouverés à la fin de ce Traité,
ensuite si l'on veut les charger de quelque legere composition, il faut le faire
avant que de leur donner les fleurs de

la maniere que vous trouverés dans les
Articles suivants, & ayant été ainsi
preparés, vous les mettrés en fleurs
dans une caisse vous servant à cet effet
des fleurs que vous voudrés, faisant un
lit de Gands & un lit de fleurs, vous
continuerés ainsi jusqu'à ce que vous
ayez tout employé, & les ayant ainsi
laissé dans les fleurs du matin au soir
ou tout au plus vingt quatre heures,
vous les retirerés des fleurs, & les
mettrés à l'air sur des cordes pendant
une heure pour desseicher l'humidité
des fleurs, puis vous les frotterés &
ouvrirés bien & les retournerés & les
remettrés en fleurs fraîches par l'envers, vous continuerés ainsi à leur
donner les fleurs par l'endroit & par
l'envers pendant quatre ou cinq jours,
puis vous les frotterés & redresserés,
& seront faits. Il faudra donner aussi
les fleurs une fois ou deux au papier
dans lequel vous les plierés, afin
qu'il n'en diminuë pas l'odeur.

A l'égard des Gands ou Peaux que
vous chargerés de quelque composition de conséquence comme vous en
trouverés dans la suite, qui sont faites

d'Ambre, de Muſc, & de Civette,
cela eſt ſuffiſant pour donner une tres-
bonne odeur ſans y employer de
fleurs.

Compoſition pour charger les Gands ou
Peaux avant que de les mettre
en fleurs.

Vous broyerés ſur le marbre avec
une petite molette un gros de
Civette avec un filet d'eſſence de fleurs
d'Orange ou autre fleurs, faite d'huile
de Ben, & les ayant bien mêlés enſemble vous y ajoûterés un peu d'eau de
Mille-fleurs, enſuite vous broyerés
à part gros comme une noizette de
gomme Adragant qui aura été détrempée avec de l'eau de fleurs d'Orange,
puis aprés vous broyerés vôtre Civette
& vôtre gomme enſemble y ajoûtant
peu à peu de l'eau de Mille-fleurs;
vous continuerés ainſi juſqu'à ce que
vous ayez bien incorporé le tout enſemble: pour lors vous mettrés vôtre
compoſition dans le mortier, & augmenterés l'eau en la remuant avec le
pilon juſqu'à la quantité d'un poiſſon,

qui est la moitié d'un demi septier :
puis vous chargerés vos Gands ou
Peaux bien également de cette composition avec une éponge, & les mettrés seicher à l'air sur des cordes, &
étant secs vous les frotterés & les ouvrirés & leur donnerés les fleurs comme je l'ay dit cy-devant.

Composition Musquée.

VOus broyerez sur le marbre deux
gros de Musc avec un filet d'essence de fleurs comme cy-devant, &
étant bien broyé le rangerez sur un
coin du marbre : ensuite vous broyerez un demi gros de Civette avec un
filet de la même essence, & la mettrez
aussi à part : puis vous broyerez gros
comme une noix de gomme Adragant
qui aura été détrempée avec de l'eau
de Mille-fleurs, y ajoûtant un filet
d'essence d'Ambre, vous broyerez ensuite le tout ensemble y ajoûtant peu
à peu de l'eau de Mille-fleurs, & lors
que la composition sera bien incorporée avec l'eau, vous la mettrez dans
le mortier, & augmenterez l'eau en

remuant avec le pilon jusqu'à la consistance d'un demi septier, & en chargerez vos Gands ou Peaux & les mettrés seicher.

Autre maniere.

VOus broyerés sur le marbre demi
gros de Civette avec un filet
d'essence de fleurs comme cy-dessus,
& étant broyée la rangerés sur un coin
du marbre, ensuite vous broyerés un
gros de Musc avec un filet de la même
essence, & la rangerés aussi à part,
puis vous broyerés gros comme une
petite noix de gomme Adragant qui
aura été détrempée avec de l'eau de
Mille-fleurs, en aprés vous rassemble-
rés vos trois drogues & les broyerés
ensemble, y ajoûtant peu à peu de
l'eau de Mille-fleurs, & lors que la
composition aura été broyée pour
pouvoir facilement s'incorporer avec
l'eau, vous la mettrés dans le mortier y augmentant l'eau jusqu'à la quantité d'un demi septier : ensuite vous
chargerés vos Gands ou Peaux avec
une éponge & les mettrés seicher, &

étant secs vous les frotterés, & les ouvrirés, & redresserés, & seront faits.

Composition à l'Ambrette.

VOus broyerés sur le marbre demi gros de Civette avec un filet d'essence de fleurs d'Orange ou autre, & étant broyé la rangerés sur un coin du marbre : ensuite vous broyerés gros comme une petite noix de gomme Adragant qui aura été détrempée avec de l'eau de fleurs d'Orange, puis après vous broyerés le tout ensemble afin de les mêler : puis vous ferés chaufer le petit mortier & vous delayerés par sa chaleur un gros d'Ambre, y ajoûtant un petit filet d'eau de fleurs d'Orange que vous augmenterés peu à peu jusqu'à la quantité d'un poisson, puis vous broyerés de nouveau vôtre Civette avec un peu d'eau de fleurs d'Orange, & étant bien incorporée avec l'eau vous mêlerés le tout ensemble dans le mortier & augmenterés l'eau jusqu'à ce que vôtre composition fasse en tout la quantité d'un demi septier,

vous en chargerez vos Gands ou
Peaux avec une éponge & vous les
mettrez seicher à l'air.

Composition de Rome.

VOus broyerez sur le marbre un
gros d'Ambre avec un filet d'essence de fleurs, si-bien qu'il ny reste
point de grumelots, puis vous le rangerez à un coin du marbre : vous broyerez de même un demi gros de Musc
& le mettrez encore à part : vous
broyerez aussi dix-huit grains de Civette & la mettrez aussi à part : vous
broyerez de plus, gros comme une
petite noix de gomme Adragant, qui
aura été détrempée avec de l'eau de
fleurs d'Orange, dans laquelle vous
aurez versé un filet d'essence d'Ambre,
en aprés vous rassemblerez toutes vos
drogues & les broyerez toutes ensemble, y ajoûtant peu à peu de l'eau de
fleurs d'Orange, & lors que l'eau se
pourra bien incorporer avec la composition, vous la mettrez dans le mortier y ajoûtant de la même eau jusqu'à
la consistance d'un demi septier, &

vous en chargerez vos Gands ou Peaux que vous mettrez en aprés feicher.

Autre maniere.

VOus broyerez fur le marbre un demi gros de Mufc avec un filet d'eau de Mille-fleurs, & l'eau étant bien mêlée vous le rangerez à part : vous broyerés enfuite gros comme une noizette de gomme Adragant , qui aura été détrempée avec de l'eau de fleurs d'Orange , vous broyerez en aprés le Mufc & la gomme enfemble, y ajoûtant peu à peu de l'eau de fleurs d'Orange , & l'eau étant bien incorporée vous ferez ce qui fuit.

Vous ferez chaufer le petit mortier & ferez fondre par fa chaleur un gros d'Ambre , que vous delayerez avec un filet d'effence d'Ambre , & étant bien fondu & delayé vous y ajoûterez un peu d'eau de Mille-fleurs : enfuite vous mettrez vôtre Mufc avec l'Ambre dans le mortier , & vous les mêlerez bien enfemble avec le pilon y ajoûtant une cueillerée d'eau de gomme Arabic, & augmenterez cette compofi-

tion avec de l'eau de fleurs d'Orange,
jufqu'à la quantité d'un demi feptier,
& lors que vous en voudrez charger
vos Peaux & Gands, vous poferez vôtre mortier fur un rechaud de feu pour
la tenir tiéde, & en uferez comme
à l'ordinaire.

Pointe d'Efpagne.

VOus broyerez fur le marbre dix-
huit grains de Civette avec un
filet d'eau de Mille-fleurs, & la rangerez fur un coin du marbre, enfuite vous
broyerez gros comme une noizette de
gomme Adragant qui aura été détrempée avec de l'eau de Mille-fleurs, puis
vous broyerez la Civette & la gomme
enfemble jufqu'à ce qu'ils foient bien
incorporez, & y augmentant l'eau de
Mille-fleurs jufqu'à la quantité d'un
poiffon : vous chargerez vos Peaux ou
Gands de cette compofition & vous les
mettrez enfuite feicher, & étant fees
vous les frotterez & les ouvrirez bien,
puis vous ferez ce qui fuit.

Vous broyerez fur le marbre un
gros de Mufc avec un filet d'eau de

Mille-fleurs, & étant bien broyé &
l'eau bien incorporée vous le laiſſerez
à part : vous ferez chaufer le petit
mortier & ferez fondre à la chaleur
deux gros d'Ambre, y ajoûtant un
filet d'eau de Mille-fleurs pour le de-
layer, & étant fondu & mêlé avec cette
eau vous y ajoûterez le Muſc que vous
aurez broyé, & vous mêlerez bien le
tout enſemble avec le pilon, y ajoûtant un filet d'eſſence de Gerofle &
vous augmenterez cette compoſition
avec de la même eau de Mille-fleurs,
juſqu'à la quantité d'un demi ſeptier:y
mettant de plus deux cueillerées d'eau
de gomme Arabic, & pour employer
cette compoſition vous mettrez le
mortier dans lequel elle ſera ſur un
rechaud de feu afin de la tenir tiéde
pour en charger vos Gands ou Peaux.

Gands ou Peaux chargez d'Ambre.

VOus broyerez ſur le marbre dix-
huit grains de Civette avec un
filet d'eau de fleurs d'Orange, & la
mettrez à part, puis vous broyerez
gros comme une noizette de gomme

Adragant qui aura été détrempée avec
de l'eau de fleurs d'Orange : ensuite
vous broyerez la Civette & la gomme
ensemble, y ajoûtant de l'eau peu à
peu jusqu'à la quantité d'un poisson,
& vous en chargerez vos Peaux ou
Gands avec une éponge & les mettrez
seicher : & étant secs vous les frotterez & les ouvrirez, puis vous ferez ce
qui suit.

Vous ferez chaufer le petit mortier
bien chaud & vous ferez fondre à sa
chaleur deux gros d'Ambre, y ajoûtant un filet d'eau de fleurs d'Orange
dans laquelle vous aurez auparavant
mis un filet d'essence d'Ambre, & vôtre Ambre étant fondu vous augmenterez peu à peu vôtre composition
avec de l'eau de fleurs d'Orange en la
remuant avec le pilon jusqu'à la quantité d'un poisson, y mettant de plus
deux cueillerées d'eau de gomme Arabic : & le tout étant bien mêlé vous
mettrez vôtre mortier sur un rechaud
de feu pour employer vôtre composition tiéde, de laquelle vous chargerez
vos Gands ou Peaux avec une éponge,
& les mettrez seicher.

Lors que vos Gands ou Peaux ont
été chargez de l'une des susdites compositions, il faut les mettre seicher sur
des cordes, & étant bien secs il les
faut frotter, & ensuite les ouvrir avec
les bâtons, & les redresser & les serrer.
Mais à l'égard des gands de chien &
ceux de chevreau, que l'on nomme
ordinairement façon de chien, il est
necessaire de les humecter par le dedans, c'est ce qu'on appelle lavez, il
faut aprés que la composition est seiche
& qu'ils ont étez frottez & ouverts les
retourner & frotter l'envers de la composition suivante.

Oraigne pour les Gands.

VOus broyerez sur le marbre une
once d'essence de fleurs d'Orange
ou de Jassemin avec deux gros d'essence d'Ambre & deux grains de Civette
jusqu'à ce qu'ils soient bien mêlez ensemble : & ensuite vous en frotterez
l'envers de vos gands avec une éponge
bien également : puis vous les mettrez
un peu seicher à l'air & les redresserés,
& seront faits.

Vous remarquerez que le dernier
Parfum que l'on donne & qui eſt le
plus neceſſaire à toutes ſortes de choſes que l'on veut conſerver, c'eſt celuy de ſeicher au feu toutes les feüilles
de papier deſquelles on ſe ſert pour
garnir ou pour plier : car quoy qu'elles paroiſſent ſeiches elles ont toûjours
de l'humidité.

Maniere de mettre les Peaux & Gands en couleur.

VOus broyerez ſur le marbre les
couleurs que vous aurez choiſi
avec un peu d'huile de ben, autrement
de l'eſſence de Jaſſemin ou de fleurs
d'Orange , & les ayant bien broyé
vous y ajoûterés de l'eau de fleurs
d'Orange peu à peu en continuant à
broyer pour les bien incorporer enſemble , ce qui étant fait vous rangerés vôtre couleur ſur un coin du marbre , & vous broyerés autant de gomme Adragant qu'il y aura de couleur ;
la gomme aura été détrempée avec de
l'eau de fleurs d'Orange & l'ayant bien
broyé vous aſſemblerés la gomme &

la couleur & vous les broyerés enſemble, puis vous y ajoûterés peu à peu de l'eau de fleurs d'Orange. Vous mettrés enſuite le tout dans une terrine & vous augmenterés l'eau à vôtre diſcretion, vous ferez enſorte qu'elle ne ſoit pas trop épaiſſe, puis vous en chargerés vos Gands ou Peaux avec des broſſes & en aprés les mettrés ſeicher à l'air, & étant ſecs vous les frotterés & les ouvrirés bien avec les bâtons. Vous broyerés enſuite de la gomme Adragant avec un petit morceau de la même couleur dont vous vous ſerés ſervy pour faire vôtre couleur de Gands. Il faut que cette gomme ſoit détrempée avec de l'eau de fleurs d'Orange & qu'elle ſoit claire, puis vous frotterés vos Gands ou Peaux de cette gomme bien légerement & vous les remettrés ſeicher, cela fait que la couleur ne ſe détache pas des Gands, & étant ſecs pour lors vous les frotterés & ouvrirés & les redreſſerés, & ſeront fait.

Mélange des Couleurs.

Isabelle vif.

Beaucoup de blanc, la moitié d'autant de jaune, & les deux tiers de jaune de rouge.

Isabelle paste.

Beaucoup de blanc, moitié d'autant de jaune, & la moitie d'autant de rouge.

Couleur de noizette.

Terre d'ombre brûlée, un peu de jaune, peu de blanc, & fort peu de rouge.

Noizette claire.

Terre d'ombre brûlée presque autant de jaune, un peu de blanc, & autant de rouge.

Noizette brunastre.

Terre d'ombre brûlée, un peu de pierre noire, un peu de jaune, un peu de rouge.

Couleur d'Ambre.

Beaucoup de jaune, un peu de blanc, peu de rouge.

Couleur d'or.

Beaucoup de jaune, un peu plus de rouge.

Couleur de chair.

Un peu de jaune, un peu de blanc, un peu plus de rouge que de jaune.

Couleur de paille.

Beaucoup de jaune, fort peu de blanc, fort peu de rouge, & beaucoup de gomme.

Couleur brun.

Terre d'ombre brûlée, beaucoup de pierre noire, un peu de noir, & un peu de rouge.

Brun clair.

Terre d'ombre brûlée, un peu de pierre noire, un peu de rouge.

Couleur de musc.

Terre d'ombre brûlée, bien peu de pierre noire, un peu de rouge, un peu de blanc.

Couleur de Franchipanne.

Peu de terre d'ombre, deux fois autant de rouge, & trois fois autant de jaune.

Franchipanne claire.

Peu de terre d'ombre, beaucoup de jaune,

jaune, peu de blanc, & presque autant de rouge que de jaune.

Couleur d'olive.

Terre d'ombre sans brûler, peu de jaune, le quart de rouge de jaune.

Couleur de blois.

Beaucoup de jaune, un peu de blanc, peu de terre d'ombre, & la moitié d'autant de rouge que de jaune.

TRAITE'
DU TABAC.

Maniere de mettre le Tabac en poudre.

SI le Tabac que vous avez est en corde il le faut décorder & le mettre seicher au Soleil ; & si il est en côte il le faut mettre seicher de même & étant sec le piler au mortier. Il faut que la toile du sas du quel vous vous servirez soit suffisamment claire pour laisser passer le plus gros grain que vous vouliez faire : & afin de ne pas piler vôtre Tabac jusqu'à le reduire tout à fait fin, il faut à tout moment sasser ce qui se pile, parce que si vous pilez trop longs-temps il arrivera que vous mettrez en poussiere ce qui est en grain, & le toi r état: en poudre vous le purgerez de la maniere qui suit.

Maniere de purger le Tabac.

VOus vous servirez d'un baquet
ou autre vaisseau semblable qui
soit plus grand qu'il ne faut pour con-
tenir le Tabac que vous voulés purger,
& qu'il y ait sous ce vaisseau un bon-
don ou broche que l'on puisse tirer
pour faire évader l'eau, lors qu'il en
sera temps, vous garnirés le vaisseau
d'une Nappe ou Toille assez grande
pour aller jusqu'au fonds & deborder
tout au tour. Il faut aussi que la
Toille soit forte & bien serrée, afin
que le Tabac ne puisse passer au travers. Vous mettrez vôtre Tabac dans
le vaisseau avec beaucoup d'eau ensorte qu'il trempe bien : vous le remuerez bien dans l'eau, & le laisserés
tremper jusqu'au lendemain : puis vous
ferez sortir l'eau retenant le Tabac
avec la Toille & l'exprimerez le plus
que vous pourrez, & remettrez de
l'eau & le laverez derechef & le laisserez encore tremper comme la premiere fois & enfin vous ferez ainsi deux
ou trois fois de suite. Ce qui étant fait

la derniere fois vous exprimerez vôtre
Tabac le plus que vous pourrez &
vous aurez des clayes d'ozier qui seront garnies de Toilles fortes & ferrées
fur lesquelles vous mettrez seicher
vôtre Tabac au Soleil, & vous aurez
soin de moment en moment de le remuer afin qu'il seiche par tout également ; & lors qu'il sera bien sec vous
le remettrez dans le vaisseau ou baquet avec suffisante quantité d'eau de
senteur à vôtre choix, soit de l'eau de
Roze ou de fleurs d'Orange ou d'Ange, so sont les eaux qui sont propres
au Tabac, vous le laisserez tremper
dans cette eau jusqu'au lendemain.
Ensuite vous le tirerez de l'eau l'expri-
mant doucement & le mettrez seicher
derechef sur vos clayes, ayant soin de
le remuër à mesure qu'il seiche & étant
sec vous l'aroserez encore de la même
eau : ensorte qu'il soit comme en pâte
& vous le laisserez derechef seicher,
& pour lors étant sec il sera en état de
prendre l'odeur des fleurs.

La maniere cy-dessus de purger le
Tabac est la meilleure, & le Tabac par
cette maniere est en état de recevoir

toutes les odeurs que l'on luy veut
donner ; mais l'on ne peut se servir
de cette methode sans aporter au Tabac de la diminution, & pour les personnes qui voudront épargner l'eau de
senteur & empêcher qu'il ne diminuë
tant, il pourront se servir de la maniere qui suit.

Autre maniere de purger le Tabac.

VOus mettrez vôtre Tabac tremper dans l'eau seulement une fois
pendant vingt quatre heures, ensuite
de quoy vous ferez évader l'eau &
l'exprimerez le plus que vous pourrez
dans la Toille, ou avec les mains ; &
le mettrez seicher sur les clayes le remuant de moment en moment pendant
qu'il seiche, & étant bien sec vous
l'aroserez d'eau de senteur de laquelle
vous voudrez : ensorte qu'il soit comme en pâte, & vous le laisserez derechef seicher, & étant sec l'aforez une
seconde fois, & le ferez encore seicher : & pour lors il sera prêt de prendre l'odeur que vous voudrez, ou bien
si vous le voulez mettre en couleur

de jaune ou de rouge vous le ferez
avant que de le parfumer aux fleurs,
comme l'Article suivant l'enseigne.

Maniere de mettre le Tabac en couleur
Iaune ou Rouge.

VOus prendrez de l'Ocre jaune ou
rouge, du quel vous voudrez, sup-
posé la grosseur d'un œuf vous y ajoûterez un peu de blanc de craye pour
moderer un peu la couleur : vous les
broyerez sur le marbre avec environ
demi once d'huile d'amande douce , &
les ayant parfaitemét bien broyées vous
y ajoûterez de l'eau & l'augmenterez
toûjours peu à peu , en continuant à
broyer jusqu'à ce que l'eau s'incorpore
bien avec la couleur : & pour lors vous
rangerez vôtre couleur sur un coin du
marbre. Ensuite vous broyerez deux
cueillerées de gomme Adragant détrempée, & étant bien broyée l'assemble-
rez avec vôtre couleur & les broyerez
ensemble tant qu'ils soyent bien mêlés,
y ajoûtant de l'eau peu à peu & à lors
vous mettrez le tout dans une Terrine,
& augmenterez l'eau en remuant bien

le tout, jufqu'à la quantité d'une pinte ou environ. Ce qui étant fait vous prendrez la quantité de Tabac purgé que vous voudrez, & le mettrez dans un vaiffeau ou terrine, & verferez parmi vôtre Tabac de la fufditte couleur la mêlant bien avec les mains, faifant comme une pâte non pas trop liquide mais feulement bien imbibé. Vous le laifferez dans fa couleur jufqu'au lendemain & enfuite le mettrez feicher fur des toiles au Soleil, & vous aurez foin de le remuër à mefure qu'il feichera, & étant fec vous ferez une gomme comme il fuit pour le gommer.

Vous broyerez fur le marbre de la gomme Adragant détrempée avec de l'eau de fenteur, & étant bien broyée vous y ajoûterez peu à peu de l'eau en continuant à broyer en forte qu'elle foit fort claire : & pour vôtre commodité la mettrez dans une terrine, afin d'y pouvoir ajoûter de l'eau fuffifamment. Vous mouillerez enfuite le dedans de vos mains avec cette gomme & en frotterez vôtre Tabac & vous ferez ainfi jufqu'à ce que tout vôtre

Tabac ait été gommé, & pour lors
vous le laisserez seicher, le remuant
de moment en moment. Et étant sec
vous salerez tout vôtre Tabac avec
le sas tout le plus fin que vous ayez,
afin d'en séparer la couleur qui ny sera
pas attachée : ce qui étant fait il sera
en état d'être parfumé aux fleurs ou à
l'odeur que vous voudrez choisir.

Maniere de parfumer le Tabac aux fleurs.

IL est bon de sçavoir que les fleurs
qui sont le plus de service pour le
Tabac, sont les fleurs d'Oranges, le
Jaffemin, les Rozes communes, les
Rozes muscades & les Tubereuses, &
fort difficilement les autres fleurs com-
muniquent-elles leur odeur bien naturellement, à moins que de les repeter
bien des fois : & ensuite les aider en
parfumant le Tabac de l'essence des
mêmes fleurs comme vous verrez dans
les Articles de parfumer le Tabac:mais
l'odeur ne dure jamais longs-temps
comme des sortes cy-dessus nommées.
Voicy de quelle maniere on les employe.

Vous

Vous aurez une grande caisse selon vôtre besoin que vous garnirez de papier bien sec & dans laquelle vous mettrez un lit de Tabac épais d'un pouce, puis un lit de fleurs & continuerez ainsi jusqu'à ce que vous ayez tout employé, & laisserez de cette maniere vôtre Tabac parmi les fleurs pendant vingt quatre heures : si vous avez les fleurs en abondance vous les changerés au bout de douze heures. Ensuite vous saisserés vôtre Tabac pour retirer les fleurs & les renouvellerés en même temps, & ferés ainsi pendant quatre ou cinq jours & lors que vous sentirés que vôtre Tabac aura bien pris l'odeur des fleurs, vous l'enfermerés dans vos boîtes dans un lieu sec pour le conserver. Il n'est point necessaire de toucher au Tabac pendant que les fleurs sont dedans parce qu'il ne s'é-chaufe pas.

Autre maniere de parfumer le Tabac aux fleurs.

VOus aurés une quantité selon le besoin de feüilles de papier de la

grandeur ou à peu prés de la caiſſe
dont vous vous ſervirez ; les dittes
feüilles ſeront toutes ſeichées au feu ,
& enſuite piquées par tout d'une groſſe
épingle : & pour mettre vôtre Tabac
en fleurs , vous mettrés dans vôtre
caiſſe un lit de Tabac épais d'un doigt,
puis vous mettrés ſur le Tabac une
feüille de papier , & ſur le papier un
lit de fleurs & ſur les fleurs une autre
feüille de papier ; vous mettrés de re-
chef ſur le papier un lit de Tabac &
continuerés ainſi juſqu'à ce que vous
ayez tout employé. De cette maniere
les fleurs ſont entre deux papiers & le
Tabac de même, ſans que le Tabac
touche aux fleurs , & par cette maniere le Tabac prend l'odeur des fleurs
bien naturellement , parce que l'odeur
des fleurs n'eſt point corrompuë par le
Tabac. Vous aurez ſoin de changer
les fleurs ſelon l'abondance que vous
en aurez , ſoit au bout de douze heures ou de vingt quatre : & lors que
vous voudrés les retirer , il ne faudra
que retirer vos feüilles de papier &
ſaller vôtre Tabac avec un ſas , dont
la toille de crin ſoit aſſez claire pour

laiſſer paſſer vôtre Tabac , & retenir vos fleurs , vous donnerés ainſi les fleurs pendant quatre ou cinq jours , & ſera fait.

Boutons de Rozes pour le Tabac.

VOus prendrez une quantité de boutons de Rozes telle que vous voudrés , deſquels vous arracherés le bouton vert & mettrez à la place de chacun un clou de Gerofle:enſuite vous les mettrés dans une bouteille de verre & la boucherés bien & la mettrés au Soleil pendant trois ſemaines ou un mois , & vous vous ſervirés de ſes boutons pour mettre dans vôtre Ta- bac : après qu'il ſera purgé cela donne une odeur fort agreable.

Tabac de Mille-fleurs.

IL ne s'agit que de mêler enſemble du Tabac de pluſieurs odeurs de fleurs , & de faire enſorte par le plus de l'un ou le moins de l'autre que l'on ne puiſſe connoître qu'elle eſt l'odeur qui domine, & ſera fait.

Maniere de faire le Tabac de differen-
tes grosseur de grain.

IL faut avoir des sas differens, les
uns de toille serrée, & d'autres plus
claire, ainsi selon la grosseur de vos
toilles vous tirerés le grain en le sas-
sant, l'on ne separe le Tabac de cette
sorte que lors qu'il a été parfumé aux
fleurs.

Tabac fin façon d'Espagne.

LE veritable Tabac d'Espagne est
tout à fait fin & rougeâtre, il faut
pour en faire de semblable prendre
du Tabac rouge & grené, & le piler
au mortier & le passer bien fin par le
Tamis & comme il aura été purgé
avant que d'avoir été mis en couleur
ainsi que je l'ay marqué dans le commencement de ce Traité, il ne faudra
pour lors que luy donner les fleurs
comme je l'ay enseigné & le parfumer
ensuite de l'odeur de pointe d'Espagne ou autre si vous voulez, & sera
fait.

Pour faire du Tabac de bonne fenteur il ne fuffit pas de le parfumer aux fleurs, il faut encore luy donner d'autres parfums, il eft bien vray que l'odeur des fleurs feroit fuffifante & que celuy qui eft feulement purgé pourroit être employé dans les compofitions fuivantes, je laiffe cela à la volonté de ceux qui l'accommoderont à leur fantaifie, mais je diray feulement que l'experience m'a fait voir que l'odeur des fleurs accompagne fort bien les odeurs les plus délicates & les plus exquifes, & que les odeurs en font d'une autre qualité & durent bien plus longs temps.

Je ne fais point le détail de plufieurs petits parfums que l'on peut compofer foy-même felon la fantaifie : Je donne feulement les memoires des plus excellens parfums, il eft aifé à toutes perfonnes d'en compofer de foy-même ayant la connoiffance des odeurs qui y font propres.

Maniere de parfumer le Tabac en poudre de plusieurs odeurs differentes.

Tabac de Cedra ou Berga-motte.

IL n'est pas necessaire de prendre du Tabac parfumé aux fleurs pour le mettre en odeur de Cedra ; il suffit qu'il soit purgé, parce que le Cedra est une odeur forte qui pénetre tout & par consequent il suffit d'en verser quelque goute dans une once & le bien mêler, & sera fait.

Tabac de Neroly.

L'Essence de Neroly est aussi une essence forte qui s'employe comme celle de Cedra, l'odeur en est forte & agreable, pourveu que l'on en mette gueres, car elle est encore plus pénetrante que celle de Cedra. Il faut particulierement observer que si l'on veut avoir du Tabac de cette odeur elle doit être pure & veritable : car pour peu qu'elle soit mêlée elle devient dans l'usage d'une odeur désagreable.

Tabac de Pongibon.

VOus prendrez une livre de Tabac
jaune parfumé à la fleur d'O-
range, & vous broyerez dans le petit
mortier douze grains de Civette avec
un petit morceau de Sucre, & l'ayant
bien broyé vous y mêlerez un peu de
Tabac, & continuerez à l'augmenter
en continuant à le mêler avec le pilon
tant que vous ayez empli vôtre mortier : vous le renverserez avec le restant de la livre & mêlerés bien le tout
avec les mains, puis vous remettrés
du même Tabac à moitié plein vôtre
mortier, & y verserés une demi once
d'essence de fleurs d'Orange que vous
mêlerés bien avec le pilon : vous acheverés d'emplir vôtre mortier de Tabac,
afin de mieux mêler l'essence vous
renverserés par après vôtre mortier
sur le restant. Vous mêlerés bien le
tout ensemble avec les mains, & sera
fait. L'odeur en sera fort agreable &
durera longs-temps, & quoyque ce
soit de l'essence grasse cela ne fera
point de tort au Tabac & ne paroîtra

L 4

point gras, pourveu que l'on augmen-
te pas la doze cy-deſſus marquée.

Si le Tabac eſt parfumé aux fleurs
de Jaſſemin il faudra prendre de l'eſſence de Jaſſemin, & ainſi des autres
fleurs. Toute ſorte de Tabac ſe peut
parfumer de la même maniere.

Tabac Muſqué.

VOus prendrés du Tabac de telle
odeur de fleurs que vous voudrés, (ſuppoſé une livre) vous mettrés dans un petit mortier vingt grains
de Muſc avec un petit morceau de Sucre & les broyerés bien enſemble, puis
vous y ajoûterés un peu de Tabac, &
l'augmenterés en continuant à mêler
avec le pilon juſqu'à ce que le mortier
ſoit plein : enſuite vous le renverſerés
ſur le reſtant, & mêlerés bien le tout
enſemble, & ſera fait.

Tabac à la pointe d'Eſpagne.

VOus prendrés une livre de Tabac
de telle odeur de fleurs que vous
voudrés, vous mettrés dans le petit

mortier vingt grains de Musc & un
petit morceau de Sucre que vous broyerés bien ensemble : ensuite vous y
ajoûterés un peu de Tabac & l'augmenterés en continuant à broyer. Vôtre mortier étant plein vous le renverferés à part & le couvrirés avec une
partie du restant afin qu'il ne s'évante
pas. Vous broyerés par aprés dans le
mortier dix grains de Civette avec un
petit morceau de Sucre, puis vous y
ajoûterés un peu de Tabac & l'augmenterés en continuant à le mêler :
vous le renverserés avec le précedent
& mêlerés bien avec les mains le tout
ensemble, & sera fait.

Tabac en odeur de Rome.

VOus prendrés une livre de Tabac
de telle odeur de fleurs que vous
voudrés, vous ferés chaufer le petit
mortier & ferés fondre à sa chaleur
vingt grains d'Ambre, vous y mêlerés un peu de Tabac & l'augmenterés
peu à peu en continuant à le mêler
avec le pilon, & vôtre mortier étant
à moitié plein vous le renverserés à

part & le couvrirés avec une partie du
reſtant : enſuite vous broyerés dans le
mortier dix grains de Muſc avec un
petit morceau de Sucre, y ajoûtant du
Tabac & étant mêlé le renverſerés ſur
le précedent & le couvrirés encore.
Vous broyerés auſſi cinq grains de
Civette avec un peu de Sucre y ajoûtant du Tabac, puis vous le renverſerés avec le précedent & mêlerés bien
le tout enſemble, & ſera fait.

Tabac en odeur de Malthe.

VOus prendrés une livre de Tabac
de fleurs d'Orange, puis vous
ferés chaufer le petit mortier, & vous
ferés fondre à ſa chaleur vingt grains
d'Ambre : enſuite vous y mêlerés un
peu de Tabac que vous augmenterés
en continuant à mêler avec le pilon,
& vôtre mortier étant plein vous le
renverſerés à part & le couvrirés avec
une partie du reſtant : puis vous broyerés dans le mortier dix grains de
Civette avec un peu de Sucre y ajoûtant du Tabac que vous augmenterés
en continuant à mêler avec le pilon :

aprés quoy vous renverſerés avec lo précedent & mêlerés bien le tout enſemble , & ſera fait.

Tabac Ambré.

VOus prendrés une livre de Tabac de telle odeur de fleurs que vous voudrés , puis vous ferés chaufer lo petit mortier & ferés fondre à ſa chaleur vingt quatre grains d'Ambre : vous y ajoûterés enſuite du Tabac que vous augmenterez peu à peu en continuant à broyer & mêler avec le pilon : vôtre mortier étant plein vous le renverſerés avec le reſtant , & mêlerés bien le tout enſemble avec les mains, & ſera fait.

Comme dans les Parfums chacun à ſon goût & que pluſieurs aimeront le Tabac bien parfumé : il y en a qui voudront une odeur douce & cependant qui ſoit toûjours bonne ; ils auront lieu de ſe contenter avec les compoſition cy-devant marquées. Car ſi les odeurs leur ſemble trop fortes ils n'auront qu'à augmenter le Tabac aprés que l'odeur y ſera donnée , & elle ſera douce puiſqu'il ny va que du

plus ou du moins, d'autant que les
compofitions en font tres-bonnes, &
fur toutes chofes il faut avoir foin de
bien enfermer le Tabac lors qu'il eft
parfumé afin que l'odeur ne s'évante
pas.

F I N.

Faute furvenuë à l'Impreffion.

Page 12. ligne 9. mouffe de Chefne,
il faut lire poudre de mouffe de Chefne.

TABLE DE CE QUI
est contenu en ce Traité des Parfums.

TRAITE' DES POUDRES
pour les Cheveux.

TABLE.

TRAITE' DES SAVONETTES.

§. I.

§. II.

TRAITE' DES ESSENCES ET huiles parfumées aux fleurs.

TABLE.

§. I.

TRAITE' DES POMMADES.

TABLE.

                                       Eau

TABLE.

§. I.

Maniere de faire les Pastilles à brûler.

§. II.

M.

TABLE.

TRAITE' DES GROSSES
Poudres à la Maréchalle & de
toutes les manieres de s'en
servir.

TABLE.

TRAITÉ DES PEAUX
& Gands parfumez.

M 2

TABLE.

TRAITÉ DU TABAC.

TABLE.

Fin de la Table.

CONSENTEMENT.

SUR la Requifition de SIMON BARBE Maître Parfumeur, à ce qu'il luy foit permis de faire Imprimer par tel Imprimeur qu'il voudra choifir le Manufcrit qu'il a compofé intitulé, *le Parfumeur François, qui enfeigne toutes les manieres de tirer les odeurs des Fleûrs & à faire toutes fortes de Parfums.* Veu ledit manufcrit.

Je confens pour le Roy à la permiffion Requife ; A Lyon le 9. Fevrier 1693.

VAGINAY.

PERMISSION.

PErmis d'Imprimer ; A Lyon ce 10. Fevrier 1693.

DE SEVE.

www.ingramcontent.com/pod-product-compliance
Lightning Source LLC
Chambersburg PA
CBHW060539210326
41519CB00014B/3276